Armin Six

Deutsche Wyandotten und Deutsche Zwerg-Wyandotten

Armin Six

Deutsche Wyandotten und Deutsche Zwerg-Wyandotten

7. , aktualisierte Auflage

Oertel+Spörer

Titelabbildung:
0,1 Deutsche Wyandotten, gestreift (Züchter: H. Lefeld, Gütersloh)

Bildnachweis:
Golze: S. 41, 44; Mertensotto: S. 96 (2); Müssener/Wandelt: S. 29 l., 37; Proll: S. 23, 24, 26, 36, 53, 54, 61, 62, 64 (2), 66, 69 o.r., 70 (2), 77, 79 (2), 89 u.l., 91 l.; H. u. R. Wandelt: S. 22 o.l., 30 u.r., 71 (2), 92; Wolters: S. 13, 14, 16, 18, 19, 20, 22 o.r., 25, 27 (2), 28, 29 r., 30 u.l., 31, 32, 33 (2), 34, 35, 38 (2), 39, 40 (2), 47, 48, 49, 50, 51 (2), 57, 59, 67, 69 o.l., 72, 73, 75 (2), 76, 81 (2), 82, 83, 84, 85 (2), 86, 87, 88, 89 u.r., 90 (2), 91 r., 93 (2), 94 (2), 95 (2).

Bibliografische Informationen der Deutschen Nationalbibliothek
Die Deutsche Nationalbibliothek verzeichnet diese Publikation in der deutschen Nationalbibliografie; detaillierte bibliografische Daten sind im Internet über http://dnb.d-nb.de abrufbar.

Postfach 16 42 · 72706 Reutlingen
7., aktualisierte Auflage

Schrift: 9/11 p Times New Roman
Lektorat: Dr. Gabriele Lehari
DTP und Repro: Raff digital GmbH, Riederich
Druck: Esser printSolutions GmbH
Printed in Germany
ISBN 978-3-88627-549-6

Inhalt

Vorwort 7

Deutsche Wyandotten 9
Herkunft und Entwicklung 9
Standard der Deutschen Wyandotten 10
Form und Kopfpunkte 11
Die Farbenschläge der Deutschen Wyandotten 12
Silber-Schwarzgesäumt (ehemals Silber) 12
Gold-Schwarzgesäumt (ehemals Gold) 15
Gelb-Schwarzgesäumt 19
Gold-Blaugesäumt (ehemals Blaugold) 19
Gold-Weißgesäumt (ehemals Weißgold) 21
Weiß 23
Schwarz 25
Blau 27
Gelb 28
Goldhalsig 29
Rebhuhnfarbig-Gebändert (ehemals Rebhuhnfarbig) 29
Silberhalsig 31
Silberfarbig-Gebändert (ehemals Dunkel) 32
Weiß-Schwarzcolumbia (ehemals Hell) 33
Gestreift 34
Braun-Porzellanfarbig (ehemals Bunt) 36
Rot 37
Schwarz-Weißgescheckt 38
Gelb-Schwarzcolumbia 39
Weiß-Blaucolumbia 40

Deutsche Zwerg-Wyandotten 41
Herkunft und Entwicklung 41
Standard der Deutschen Zwerg-Wyandotten 42
Form und Kopfpunkte 43
Die Farbenschläge der Deutschen Zwerg-Wyandotten 46
Weiß 46
Schwarz 49
Blau 51
Gelb 53
Rot 56
Gestreift 60
Schwarz-Weißgescheckt 63
Braun-Gebändert 65
Goldhalsig (ehemals Rebhuhnfarbig) 68
Silberhalsig 69

Orangehalsig 71
Silberfarbig-Gebändert (ehemals Dunkel) 72
Weiß-Schwarzcolumbia (ehemals Hell) 74
Gelb-Schwarzcolumbia 76
Silber-Schwarzgesäumt (ehemals Silber) 78
Gold-Schwarzgesäumt (ehemals Gold) 80
Gold-Blaugesäumt (ehemals Blaugold) 81
Gold-Weißgesäumt (ehemals Weißgold) 83
Braun-Porzellanfarbig (ehemals Bunt) 85
Kennfarbig 87
Gelb-Weißgesperbert 88
Rebhuhnfarbig-Gebändert 89
Weiß-Blaucolumbia 90
Birkenfarbig 91
Lachsfarbig 91
Orangefarbig-Gebändert 92
Gelb-Blaucolumbia 93
Gelb-Schwarzgesäumt 94
Blau-Silberhalsig 96

Literatur 96

Vorwort

Über 120 Jahre ist es nun her, seit die Wyandotten in ihrem Ursprungsland als Rasse anerkannt wurden. Und seit etwa 100 Jahren bereichern auch die Zwerg-Wyandotten die umfangreiche Palette unserer Zwerghuhnrassen. Wie kaum eine andere Rasse haben die Wyandotten, und hier besonders ihr Zwergformat, einen Siegeszug um die ganze Welt angetreten, der bis heute anhält.

In den letzten Jahren hat sich auch in der Wyandotten- und Zwerg-Wyandottenzucht einiges verändert. Die europäische Vereinheitlichung der Farbbezeichnungen führte zu einer Modifizierung mancher lange Zeit gültiger und gewohnter Benennungen.

Seit 2018 wird schließlich die deutsche Zuchtrichtung der Wyandotten und Zwerg-Wyandotten aufgrund der eigenständigen Entwicklung, die die Rasse über die Jahrzehnte hinweg hierzulande genommen hat, als Deutsche Wyandotten bzw. Deutsche Zwerg-Wyandotten geführt.

Ich habe diese früheren Farbenschlagbezeichnungen auch auf Wunsch des Verlages mit aufgenommen, da es für jüngere Züchter vielleicht einfacher ist, wenn sie auch die alten Namen kennen und sofort wissen, wovon „ältere" Züchter sprechen. Auch beim Studium vergangener Ausstellungskataloge und zur Verfolgung der Bestandsentwicklungen ist dies sicher sehr hilfreich.

Einen wichtigen Beitrag zur Erstellung dieses Werkes lieferten jene Zuchtfreunde, die mit ihren Informationen zur 1. Auflage den Grundstock für alle weiteren Auflagen legten. Es waren dies Fritz Launhardt, Hanau/Main; Josef Pils, München; Heinrich Göttsche, Hohenaspe; Willi Weiß, Creglingen-Reinsbronn; Karl Bengen, Ochtersum; Ernst-August Ostheim, Waibstadt; Horst Krämer, Remscheid; Karl Probst, Hofgeismar; Paul Doll, Bad Wimpfen; Helmut van Briel, Ratingen; Otto Wust, Neu-Anspach/Ts.; K. Vogel, Mosbach, und Kurt Wachtmeister, Wetzlar.

Mein Dank gebührt dem Verlag Oertel+Spörer in Reutlingen für die ausgezeichnete neue Aufmachung und Illustration dieses Werkes im Rahmen der Reihe „Expertenwissen Geflügelzucht".

Armin Six

Deutsche Wyandotten

Herkunft und Entwicklung

Die deutsche Zuchtrichtung der Wyandotten zählt in Deutschland zu den beliebtesten Hühnerrassen. Diese Stellung verdanken sie neben der harmonischen Form mit den runden und weichen Linien nicht zuletzt ihrem angenehmen Temperament.

Herausgezüchtet wurden sie in Amerika und dort im Jahre 1883 als Rasse anerkannt. Den Namen „Wyandotten" erhielten sie nach dem Indianerstamm der Wyandot, einem Teilstamm der Huronen. Ihre Erzüchter wollten ein Zwiehuhn, d.h. ein mittelschweres Huhn mit einer hohen Legeleistung, schaffen, das sich auch zur Brut bestens eignet und darüber hinaus noch ein gutes Tafelhuhn darstellt. Das Fleisch der Wyandotten gilt als zart und feinfaserig.

Aus dem Wunsch der Amerikaner, die Farbe und Zeichnung der kleinen Silber-Sebrights auf ein Huhn asiatischen Typs zu übertragen, entstanden ab 1865 zuerst die Silber-Wyandotten (heute Silber-Schwarzgesäumt). Als Basis hierfür dienten dem Herauszüchter Frederick A. Houdlett, Boston, neben den Silber-Sebright die seinerzeit in Nordamerika verbreiteten Chittagongs, ein ursprünglich von der malaiischen Halbinsel stammendes Huhn, das zu den Vorläufern bzw. Verwandten der Cochin zählte. Zur Festigung des Zeichnungsbildes haben weiterhin silber-schwarzgesäumte Paduaner und Hamburger Silberlack beigetragen. Zusätzlich dienten Cochin und Brahma zur Stabilisierung von Form und Körpergröße. Zunächst wurden diese ersten Wyandotten als „Amerikanische Sebright" oder „Sebright-Cochin" bezeichnet, doch konnten sich diese Benennungen nicht durchsetzen.

Auf Basis der Fehlfarben, die bei der Zucht der silber-schwarzgesäumten Wyandotten zunächst zwangsläufig anfielen, wurden laufend weitere Farbenschläge erzüchtet. Bei uns in Deutschland sind bis dato 19 Farbenschläge anerkannt. Bei der Herauszüchtung der verschiedenen Farbenschläge haben viele unvergessene deutsche Züchter ihr großes Können unter Beweis gestellt.

In den 20er-Jahren des 20. Jahrhunderts, nachdem sich die Zuchten von den Folgen des Ersten Weltkrieges erholt hatten, wurde unter der Leitung von Prof. Arthur Reiß, damals Löbau/Sachsen, der mitteldeutsche Wyandottenzüchter-Club gegründet, dem sich alle Wyandotten-Sondervereine anschlossen. Es wurden selbstständige Wyandotten-Schauen durchgeführt, bei denen rund 1000 Tiere in den verschiedenen Farbenschlägen standen.

Heute ist, besonders in den Städten, die Haltung von großen Hühnerrassen kaum noch möglich. Es fehlt entweder am nötigen Platz oder die Rücksicht auf den Nachbarn zwingt zur Aufgabe der Zucht. So wundert es nicht, dass einzelne Farbenschläge kaum oder überhaupt nicht mehr gezüchtet bzw. ausgestellt werden.

Ein Rückblick auf die letzten 30 Jahre zeigt, dass die Beschickungszahlen vieler Farbenschläge bei den großen Ausstellungen zurückgegangen sind. Hoffen wir, dass die Bemühungen der engagierten Züchter der seltenen Farbenschläge auch hier wieder zu einer weiteren Verbreitung führen.

In diesem Zusammenhang seien besonders unsere Preisrichter angesprochen. Freuen Sie sich, wenn bei unseren Schauen überhaupt Gelb-Schwarzcolumbiafarbene, Rote, Goldhalsige, Schwarz-Weißgescheckte oder andere seltene Farbenschläge der Deutschen Wyandotten gezeigt werden und versuchen Sie, bei aller notwendigen Beachtung der Musterbeschreibung, den

Züchtern und damit der Erhaltung dieser schwierigen Farbenschläge durch eine großzügige und wohlwollende Prämierung gerecht zu werden. Eine rigorose Bewertung hilft hier nicht weiter und demotiviert allenfalls den Züchter. Hinzu kommt die Tendenz, bei unseren Ausstellungen immer weniger Hühner und dafür mehr Zwerghühner und Tauben vorzuführen. Es sollte daher unser Anliegen sein, alle Möglichkeiten zu nutzen, um für die Erhaltung seltener Rassen und Farben und damit auch der seltenen Farbenschläge der Deutschen Wyandotten einzutreten.

Standard der Deutschen Wyandotten

Herkunft

USA, dort 1883 anerkannt und im gleichen Jahr in Deutschland eingeführt. Erster Farbenschlag Silber-Schwarzgesäumt.

Bedeutung

Frohwüchsige, auf Leistung (Fleisch und Eier) und Schönheit gezüchtete, ziemlich verbreitete Rasse in vielen Farbenschlägen.

Gesamteindruck

Mittelschweres und mittelhoch gestelltes Huhn mit nach hinten ansteigender Rückenlinie, Rosenkamm und gelben Läufen.

Rassemerkmale

Hahn:

Rumpf: Körperlänge größer als dessen Höhe; breit, tief, ausgerundet; auf mittelhoher, breiter Stellung.

Hals: Kurz bis mittellang, nach hinten gebogen, mit reichem, bis über die Schultern fallendem Behang.

Schultern: Breit.

Rücken: Leicht ausgebogen, mittelmäßig lang; in gleicher Breite bis zum Sattel ansteigend.

Sattel: Gut gerundet, mit vollem und reichem Behang.

Brust: Breit; tief; voll.

Flügel: Kurz, Arm- und Handschwingen breit, anliegend und horizontal getragen.

Schwanz: Kurz, breit, hoch getragen, Sicheln mittellang, gut gebogen, die Steuerfedern verdeckend, Steuerfedern breit und fest.

Bauch: Tief, gut entwickelt.

Kopf: Mittelgroß, breit, Schädel abgerundet.

Gesicht: Rot, glatt, leicht befiedert.

Kamm: Mittelgroßer Rosenkamm, fest und gleichmäßig aufsitzend, frei von Aushöhlungen, fein geperlt, mit rundem, der Nackenlinie folgendem Dorn.

Kehllappen: Mittelgroß, gut gerundet, ohne Falten und Runzeln, fein im Gewebe.

Ohrlappen: Länglich, mittelgroß, fein im Gewebe, leuchtend rot.

Schnabel: Kurz, gut gebogen, gelb bis hornfarbig.

Augen: Groß, rund, hervortretend, orangerot.

Schenkel: Mittellang, nicht zu bauschig.

Läufe: Mäßig lang, kräftig, unbefiedert, mit geraden, gut gespreizten Zehen, gelb; strohgelb bei Alttieren zulässig.

Zehen: Lang, gut gespreizt.

Gefieder: Voll, ziemlich weich, nicht zu locker, jede Feder breit und möglichst rund. Die Zeichnung der gesäumten und gebänderten Farbenschläge bedingt eine etwas härtere Feder.

Henne:

Bis auf die durch das Geschlecht bedingten Unterschiede dem Hahn gleichend; dabei Schwanz nur wenig flacher als beim Hahn, kurz, breit in den Deckfedem, die Steuerfedern etwas sichtbar, breit und fest, von hinten gesehen ein mit Flaumfedern gefülltes Hufeisen oder (bei Farbenschlägen mit härterer Feder) ein umgekehrtes V bildend. Die Schwanzspitze soll möglichst auf einer waagerechten Linie liegen, die durch die Mitte der Kehllappen geht.

Grobe Fehler Rassemerkmale
Mangelnder Typ, kurze oder eckige Form, abfallender Rücken, zu flache Schwanzlage, zu bauschiges Gefieder, Stoppeln an den Läufen, mehr als ein Drittel Emailleweiß in den Ohrlappen.

Gewicht: Hahn 3,4 bis 3,8 kg, Henne 2,5 bis 3 kg.
Bruteier-Mindestgewicht: Weiß 55 g, andere 53 g.
Schalenfarbe der Eier: Gelb bis dunkelbraun, schwankt bei den Farbenschlägen.
Ringgröße: Hahn 20, Henne 18.
Legeleistung: ca. 160–180 Eier pro Jahr (bei den einzelnen Farbenschlägen variierend).

Form und Kopfpunkte

Der Körper der Deutschen Wyandotten wird länger als breit verlangt und sollte ausgerundet sein. Die Oberlinie soll aus einem kurzen bis mittellangen Hals, nach hinten gebogenen, breiten Schultern und einem leicht ausgebogenen mittelmäßig langen Rücken (2–3-Finger Breite) bestehen, um danach die so wichtige und typische Steigung über den vollen Sattel bis zur obersten Schwanzspitze zu zeigen. Die Rückenlinie soll dabei von den Schultern gleichmäßig breit bis zum Schwanzende verlaufen. Die Spitze des Schwanzabschlusses sollte auf einer waagerechten Linie liegen, die durch die Mitte des Kopfes verläuft und von der obersten Steuerfederüberwallung fast senkrecht abfällt. Ein Schwanz mit dem höchsten, in Augenhöhe liegenden Punkt am äußersten oberen Ende ist nur zu erreichen, wenn die Tiere, gleich ob Hahn oder Henne, breite und feste Steuerfedern aufweisen, die dann mit reichlich Deckfedern versehen sind. Beim Hahn sind dies die Sicheln. Der Schwanz soll, von hinten gesehen, breit und schön rund sein. In diesem mit Daunenfedern gefüllten Schwanz sollen die Steuerfedern hufeisenförmig übereinander stehen. Auf gut ausgebildete Steuerfedern ist besonders zu achten, denn nur dadurch wirkt der Rücken lang genug. Bei der Henne können die Steuerfedern leicht sichtbar sein, die unteren sollten aber auch nicht zu lang sein, da sie sonst den typischen Abschluss stören. Wenn Steuerfedern fehlen oder schlecht gebildet sind, erhält man einen kugeligen Abschluss, was abzulehnen ist. Ein gut gerundeter Sattel mit vollem Gefieder bringt die gewünschte ruhige Linienführung. Daher sollte endlich mit der Unsitte Schluss gemacht werden, den Schwanz der Deutschen Wyandotten als Kruppe zu bezeichnen.

Der tiefste Punkt in der Rückenlinie soll vor den Beinen liegen. Diese Tiere zeigen stets eine schöne volle und gewölbte Brust. Eine zu tiefe Brust, die sogenannte „Orpingtonbrust“, ist unerwünscht. Bei nicht zu lockerer Feder und einer vollen, breiten, gut gerundeten, nicht zu hoch getragenen Brust, leicht freien Schenkeln und einer gut entwickelten Hinterpartie erhält man zudem die gewünschte Unterlinie.

Eine mittelhohe Beinstellung mit leicht sichtbaren Schenkeln bringt die Eleganz eines schönen Tieres erst richtig zum Ausdruck. Die Läufe werden frei von Federn und Stoppeln gewünscht.

Der Hals soll nach hinten leicht gebogen und mit reichlich Nackenfedern ausgestattet sein. Diese können beim Hahn bis auf die Schultern fallen.

Früher wurde bei den Wyandotten eine „Lyraform“ gefordert. Dieser Begriff hat sich über zwei Jahrzehnte in der Musterbeschreibung gehalten. Danach steuerte man auf den sogenannten Kugeltyp zu, welcher der Zucht einen großen Teil ihrer Anhänger kostete. Bei den Ausstellungen konnten die Wyandotten nun nicht kurz genug sein. Bei den Hähnen kam es so weit, dass der Halsbehang einen Teil des Schwanzes bedeckte. Von einem Rücken konnte also keine Rede mehr sein. Die Leistung wurde stark vernachlässigt und ging rapide zurück. Ebenso wurde die Befruchtung, wohl wegen der in diesem Zusammenhang betriebenen starken Inzucht, immer schlechter. Diese Entwicklung zeigt, wie schädlich es in der Rassegeflügelzucht ist, extreme Merkmalsausprägungen zu fordern. Natürlich gab es auch zu jener Zeit Züchter, die dieser Richtung nicht folgten. Prof. Arthur Reiß, lange Zeit Vorsitzender des SV der Züchter weißer Wyandotten, schrieb im Jahr 1935 in einer Fachzeitschrift einen wegweisenden Artikel über die Form der Wyandotten mit dem Titel „Die mittlere Linie“. Die Züchter folgten diesen Hinweisen jedoch nicht. Das lockere Gefieder und die bauschigen Schenkel machten im Gegenteil den Kugeltyp perfekt. Erst viel später fand man schließlich zu einer vernünftigen, der sogenannten modernen Form. Zwecks einheitlicher Ausrichtung nahm man an einer Sitzung der Europa-Vereinigung am 7. Juli 1956 in Luxemburg teil. Die deutschen Interessen vertrat hier der bekannte Züchter und Sonderrichter Zfr. Schmuck aus Holzschwang. Mit den Kollegen aus Belgien, den Niederlanden und Luxemburg wurde hier maßgeblich die heutige Wyandotten-Form festgelegt.

Auf einen edlen Körper gehört ein edler Kopf. Dieser soll mittelgroß und breit, der Schädel abgerundet sein. Der Oberschnabel soll dabei schön gerundet verlaufen. Der fein geperlte, volle, aufgesetzte Rosenkamm soll einen der Nackenlinie folgenden Dorn haben. Ein zu kurzer oder zu flacher Dorn, der sogenannte Quetschdorn, muss abgelehnt werden. Die Kehllappen sollen mittelgroß und abgerundet sein, das feine Gewebe der Ohrlappen leuchtend rot. Eine leichte Blässe kann noch gestattet werden. Emaille dagegen ist und bleibt ein grober Fehler. Blässe in den Ohrlappen ist oft ein Zeichen, dass dem Tier etwas fehlt.

Die Augenfarbe wird rot bis orange verlangt. Diese Forderung bereitet heute kaum noch Schwierigkeiten. Doch kann eine schlechte Augenfarbe einen Züchter auch darauf hinweisen, dass mit dem Tier etwas nicht in Ordnung ist.

Die Farbenschläge der Deutschen Wyandotten

Silber-Schwarzgesäumt
(ehemals Silber)

Hahn: Kopf und Halsbehang reinweiß mit schwarzem Schaftstrich, der im oberen Teil der Feder am Kiel entlang durch die Zeichnungsfarbe Weiß unterbrochen wird und am Federaußenrand einen weißen Schmucksaum zeigt; Sattel- wie Halsbehang. Brust weiß, von der Kehle bis zu den Schenkeln jede Feder mit gleichmäßig breitem schwarzem Saum umfasst. Rücken und Flügeldecken weiß mit eingelagerter, pfeilspitzartiger, schwarzer Säumung. Reinweißer Rücken nicht erwünscht. Die größeren Flügeldeckfedern müssen rundum schwarz gesäumt sein und drei Binden bilden. Die Armschwingen, soweit von außen sichtbar, weiß mit schwarzer Säumung, Innenfahnen schwarz. Die Handschwingen haben schwarze bis dunkelgraue Innen- und weiße Außenfahnen. Schenkelfedern möglichst groß, breit und rundum schwarz gesäumt. Schwanz grün glänzend schwarz, Untergefieder dunkel.

Henne: Im Kopf- und Halsgefieder setzt sich die Zeichnungsanlage des Mantelgefieders fort. Dazu ist jede Feder mit einem weißen Schmucksaum umgeben. Rücken, Flügel, Brust und Schenkel möglichst breite, runde, weiße Federn mit schmaler, gleichmäßiger, schwarzer Säumung. Schwingen wie beim Hahn; Steuerfedern schwarz; Untergefieder schwarz bis dunkelgrau. Aftergefieder erscheint äußerlich schwarz.

Grobe Fehler:
Hahn: zu rußige, unreine Oberfarbe (leicht gelber Anflug ist kein grober Fehler), zu dunkler Hals oder Kragen, Rost im Hals- oder Sattelbehang, einfarbige Schultern, Flügeldecken und Rücken, matter oder grauer Saum, fehlender Armschwingensaum, blockige, verschwommene Säumung, ausgeprägter spitzer oder Halbmondsaum, weiße Sicheln, graue Schenkel, helles Aftergefieder, zu helles, wolkiges Untergefieder. *Henne:* schwarzer Kragen, Moos oder Pfeffer im weißen Federkleid (die letzten großen Schwanzdeckfedern jedoch ausgenommen), zu breite, stark lanzettförmige oder verdeckt wirkende Zeichnung, helles Aftergefieder, helles, wolkiges Untergefieder.

Die ersten silber-schwarzgesäumten Wyandotten kamen Ende der Achtzigerjahre des 19. Jahrhunderts über England nach Deutschland. Zu dieser Zeit konnte niemand ahnen, dass diese Rasse einmal eine solche Bedeutung in den Züchterkreisen aller Länder gewinnen würde.

Zunächst war die deutsche Zucht an die englischen Vorstellungen angelehnt. Der englische Standard, der von den deutschen Züchtern übernommen wurde, erforderte die Zweistammzucht – also getrennte Stämme für die Nachzucht männlicher und weiblicher standardgerechter Nachkommen –, um erstklassige Ausstellungstiere beiderlei Geschlechts zu erhalten. Eine solche Zucht war natürlich äußerst schwierig und umständlich. Zudem legten die Engländer den größten Wert auf Farbe und Zeichnung und vernachlässigten dabei die Form. Erst im Jahre 1931 machten sich die deutschen Züchter von diesen Vorstellungen frei und gingen zielbewusst zur Einstammzucht über; der Hahn des Hennenzuchtstammes wurde als gleichberechtigter Ausstellungshahn anerkannt. Von dieser Zeit an wurde auch der Form mehr Beachtung geschenkt.

1,0 Deutsche Wyandotten, silber-schwarzgesäumt (W. Rohrmann, Finnentrop)

Wie nicht anders zu erwarten, zeigten die Silber-Schwarzgesäumten aufgrund ihrer verschiedenartigen Stammeltern in den ersten Jahrzehnten nach ihrer Entstehung weder in ihrer Form noch in ihrer Zeichnung ein einheitliches Bild. Zwar ist anzuerkennen, dass die Engländer schon frühzeitig hervorragende Zeichnungstiere hervorbrachten, wobei der Hahn bei reinsilberweißer Oberfarbe freilich nur zwei korrekt gesäumte Binden hatte. Auch bei der Herauszüchtung der kürzeren, breiten und runden Feder haben die englischen Züchter sehr gute Vorarbeit geleistet. Trotzdem blieb den deutschen Züchtern in den vergangenen Jahrzehnten noch viel Arbeit. Sie haben Hervorragendes erreicht. Die Farbe

0,1 Deutsche Wyandotten, silberschwarzgesäumt (W. Rohrmann, Finnentrop)

der Hähne mit mindestens drei tadellosen Binden, noch besser aber mit der Fortsetzung der Zeichnung über Schultern und Rücken, wurde erreicht. Allerdings reicht es, wenn die Hennenzeichnung im Mantelgefieder der Hähne nur leicht angedeutet ist. Eine wesentliche Verbesserung ist unseren Züchtern in der Form dieses Farbenschlages zu verdanken. Die Tiere sind ausgeglichener geworden. Hohe, starke und eng gestellte Tiere mit oft noch schmaler und spitzer Brust sind mittlerweile selten. Der Sattel ist breiter und voller, und der Schwanz steigt besser an, sodass die typische Rückenlinie, wenn auch noch nicht bei allen Tieren, entsteht. Trotzdem wirken sie nicht plump. Etwas Behäbigkeit kann hingenommen werden; die Eleganz darf aber nicht fehlen.

Eine ständige Aufgabe, die großes züchterisches Können erfordert, ist für die Züchter aller gesäumten Deutschen Wyandotten eine große, breite, runde und korrekt gesäumte Feder. Sicherlich ist auch hier in den letzten Jahrzehnten viel erreicht worden. Wir sehen in den Ausstellungskäfigen jedoch des Öfteren noch Hennen, deren Feder einfach zu schmal und zu spitz ist. Hinzu kommt häufig ein zu breiter Saum, der zur Lanzettform neigt. Fast verschwunden ist dagegen der Doppelsaum – ein wesentlicher Erfolg der Einstammzucht. Er war früher vielfach an der Oberbrust und auf dem Rücken der Hennen zu finden. Halbmondsaum und blockiger Saum sind ebenfalls seltener geworden.

Oft wird von Züchtern die Frage gestellt, ob der schmale oder der etwas kräftigere Saum richtiger sei. Grundsätzlich gilt: Eine Silber-Wyandotten-Henne mit einem feinen, schmalen Saum sieht im Ausstellungskäfig ohne Zweifel schön aus. Erfahrungsgemäß lässt aber bei einer solchen Henne die intensive Farbe des Saumes an der Brust und im Unterrücken dem Schwanz zu nach. Statt des schwarzen, grün glänzenden Saumes erscheint dann an diesen Stellen ein grauer oder sogar bräunlicher Saum. Trotzdem können diese Hennen für die Zucht wertvoll sein, wenn der dazu passende Hahn mit dunklem Untergefieder und kräftig schwarzer, einwandfreier Saumzeichnung auf der Brust, aber auch an der Unterbrust und den Schenkeln, angepaart wird. Auch sollte dieser Hahn drei exakte Binden mit der beschriebenen Fortsetzung der Zeichnung besitzen. Da Hennen mit einem schmalen Saum zudem im Untergefieder und am After weniger intensiv schwarz sind, ist es erforderlich, dass auch hier der Hahn ausgleicht, um eine befriedigende Nachzucht zu erzielen. Die Regel, wonach Tiere mit gleichen Fehlern nicht verpaart werden sollen, hat natürlich auch hier Gültigkeit. Das gilt selbstverständlich für alle Rassemerkmale. Grundsätzlich ist also die Henne mit dem etwas kräftigeren Saum, sofern die Federn die genügende Größe, Breite und Rundung aufweisen, die wertvollere. Der schwere und blockige Saum stellt sich ein, wenn zuviel schwarzer Farbstoff vorhanden ist. Gleichfalls störend entsteht dann auch die Lanzettzeichnung (Verdichtung des schwarzen Farbstoffes am Federende, in dem das weiße Federfeld in einer Spitze endet und der Saum in einer Spitze ausläuft). Eine solche Henne kann für die Zucht nur dann eingesetzt werden, wenn der Hahn den entsprechenden Ausgleich verspricht. Der sogenannte Halbmondsaum, der zu beiden Seiten der Feder zum Kiel hin immer schwächer wird und schließlich ganz verschwindet, ist seltener geworden und sollte von den Züchtern kritisch beachtet werden.

Ist das weiße Federfeld, wie es gewünscht wird, groß, breit und rund sowie von einem schönen schwarzen Saum umrandet, so spricht man von einer offenen Feder. Dieser Ausdruck stammt aus dem Englischen und hat sich, obwohl er die züchterische Absicht nicht präzise wiedergibt, bei uns fest eingebürgert. Er bezieht sich nur auf das auffällige weiße Federfeld und hat mit der Beschaffenheit des Saumes direkt nichts zu tun.

Im Federfeld der Hennen treten, wenn auch selten, immer noch Fehler auf, die unter den Bezeichnungen Moos und Pfeffer bekannt sind. Wenn das sonst weiße Federfeld dunkel (grau-schwarz) schattiert ist, spricht man von Moos, sind nur einige schwarze Pünktchen vorhanden, von Pfeffer. Bei Junghennen, die mit Pfeffer behaftet sind, sollte man einen strengeren Maßstab anlegen; bei Althennen ist etwas Nachsicht zu üben. Wenn die letzten Schwanzdeckfedern bisweilen etwas Moos zeigen, so kann man dies in Kauf nehmen, sofern es sich um ein sonst hochwertiges Tier handelt. Die Kritik des Preisrichters sollte den Züchter jedoch darauf hinweisen.

Die Zucht der Silber-Schwarzgesäumten ist nicht leicht. Man sollte bei der Bewertung immer daran denken, dass die Züchter mit vielen Form-, Farb- und Zeichnungsfehlern zu kämpfen haben. Der bekannte Autor Arthur Wulf, Leipzig, schrieb seinerzeit: „Die Gold-Wyandotten sind so recht für Fehlersucher." Diese Worte gelten ebenso gut für die Silber-Schwarzgesäumten.

Rassefeinheiten, wie sie bei den Silber-Schwarzgesäumten gefordert werden, lassen sich nur durch strenge Zuchtwahl verbessern und festigen. Das Einkreuzen anderer Farben, z. B. von Weiß, lässt sicherlich eine Verbesserung der Form sowie der Kämme der Hähne erwarten, sollte jedoch nur in großen Abständen und mit großer Sorgfalt vorgenommen werden. Ein Indiz für solche Einkreuzungen sind vermutlich die nicht selten auftretenden weißen Küken.

Anlässlich der Junggeflügelschau 1955 in Hannover wurde beschlossen, bei allen Rassen wirtschaftlichen Charakters die Nutzeigenschaften, vor allem die Legeleistung, höher zu bewerten. Dies war seinerzeit ein Gebot der Stunde. Doch auch heute sollte man von den Wyandotten eine angemessene Legeleistung erwarten dürfen.

Die Silber-Schwarzgesäumten sind vor den Schwarzen und Weißen die häufigsten Wyandotten.

Gold-Schwarzgesäumt
(ehemals Gold)

Hahn: Kopf und Halsbehang gold mit schwarzem Schaftstrich, der im oberen Teil der Feder am Kiel entlang durch die Zeichnungsfarbe Gold unterbrochen wird und am Federaußenrand einen goldenen Schmucksaum zeigt; Sattel- wie Halsbehang farblich möglichst übereinstimmend. Brust gold, von der Kehle bis zu den Schenkeln jede Feder mit gleichmäßig breitem schwarzem Saum umfasst. Rücken und Flügeldecken gold mit eingelagerter, pfeilspitzartiger, schwarzer Säumung. Reingoldener Rücken nicht erwünscht. Die größeren Flügeldeckfedern müssen rundum schwarz gesäumt sein und drei Binden bilden. Die Armschwingen, soweit von außen sichtbar, gold mit schwarzer Säumung, Innenfahnen schwarz. Die Handschwingen haben schwarze bis dunkelgraue Innen- und goldene Außenfahnen. Die Schenkelfedern möglichst groß, breit und rundum schwarz gesäumt. Schwanz grün glänzend schwarz, Untergefieder dunkel.

Henne: Im Kopf- und Halsgefieder setzt sich die Zeichnungsanlage des Mantelgefieders fort. Dazu ist jede Feder mit einem goldenen Schmucksaum umgeben. Rücken, Flügel, Brust und Schenkel möglichst breite, runde, goldene Federn mit schmaler, gleichmäßiger, schwarzer Säumung. Schwingen wie beim Hahn; Steuerfedern schwarz; Untergefieder schwarz bis dunkelgrau. Aftergefieder erscheint äußerlich schwarz.

Die Gold-Schwarzgesäumten folgten den Silber-Schwarzgesäumten unmittelbar. Über ihren Werdegang gibt es jedoch voneinander abweichende Aufzeichnungen.

Grobe Fehler:
Hahn: Zu fleckige, unreine oder rußige Oberfarbe, stark rußiger oder in der Farbe stark voneinander abweichender Hals- und Sattelbehang, einfarbige Schultern, Flügeldecken und Rücken, Weiß im Gefieder, besonders im Schwanz; fehlender Armschwingensaum, blockige, verschwommene Säumung, ausgeprägter, spitzer oder Halbmondsaum, helles Aftergefieder, zu helles oder wolkiges Untergefieder. *Henne:* Fahle, sehr fleckige oder unterschiedliche Oberfarbe, schwarzer Kragen, Moos oder Pfeffer im goldenen Federfeld (die letzten großen Schwanzdeckfedern jedoch ausgenommen), zu breite, stark lanzettförmige oder verdeckt wirkende Zeichnung, blockiger, spitzer Halbmond- oder reichlich Doppelsaum, helles Aftergefieder, zu helles, wolkiges Untergefieder.

1,0 Deutsche Wyandotten, gold-schwarzgesäumt (St. Kruse, Dinklage)

Nach dem Herausgeber der ältesten Schrift über Wyandotten, Raines, sollen sie aus rosenkämmigen rebhuhnfarbigen Leghorn, Hamburger Goldlack und rebhuhnfarbig-gebänderten Cochin erzüchtet worden sein. Wahrscheinlicher ist die Vermutung Eduard Brauns, der eine Kreuzung zwischen den damals noch nicht als Rasse anerkannten Rhodeländern und den Silber-Schwarzgesäumten annahm. Die zuerst nach Deutschland gelangten Tiere zeigten zunächst noch ein sehr helles Gold. Unabhängig davon begann hier der Züchter Dr. Blank parallel die Herauszüchtung dieses Farbenschlages, indem er Silber-Wyandotten mit Hamburger Goldlack und gelben Cochin verpaarte. Die daraus fallende Nachzucht konnte mit den aus dem Ausland eingeführten Tieren jeden Vergleich bestehen. In England wurden jedoch später Indische Kämpfer eingekreuzt, um eine sattere Goldfarbe und einen besseren Glanz zu erzielen. Dieses Ziel wurde zwar erreicht, doch war die Nachzucht meist recht hoch gestellt, starkknochig und langrückig. Auch die den Kämpfern eigene lange, spitze, schmale und harte Feder, deren Zurückdrängen den deutschen Züchtern dann so viel Mühe machte, wurde mit übernommen.

Auch die Gold-Züchter orientierten sich damals an der englischen Zweistammzucht, was bis 1928 beibehalten wurde. Die damalige Musterbeschreibung verlangte hellgoldfarbene Hähne und etwas dunklere Hennen mit saftiger Goldfarbe. Auch den deutschen Züchtern war zu jener Zeit sehr schnell klar geworden, dass erstklassige Ausstellungstiere beiderlei Geschlechts aus einem Stamm nicht zu erhalten waren. Und so wundert es nicht, dass bei den Großschauen jener Zeit der eine Züchter in der Zucht feiner Hähne und der andere in der Zucht typischer Hennen erfolgreich war. Wer nicht in der Lage war, zwei Stämme zu halten, hatte kaum eine Chance und kehrte aus diesem Grunde der Zucht wieder den Rücken. Erschwerend wirkte sich außerdem der hohe Prozentsatz ungeeigneter Tiere in der Nachzucht aus. Die Hahnenzuchthennen waren zudem nicht jedermanns Geschmack, weil, abgesehen von der lehmigen Grundfarbe, das Hahnengefieder durchschlug. Spitze Feder auf dem Rücken und in der Schenkelpartie sowie Moos und Pfeffer im Federfeld wirkten abstoßend. Dazu kam der verpönte Doppelsaum, der sich vor allem an der Oberbrust und auf dem Rücken breit machte. Auch die Körperform ließ, getreu dem englischen Vorbild, häufig zu wünschen übrig.

Nach 1928, als man sich bei uns zur Einstammzucht entschlossen hatte, die sich, wie bei den Silber-Schwarzgesäumten, an den Hennenzuchtstamm anlehnte, ging es auch mit der Zucht der Gold-Schwarzgesäumten in Deutschland aufwärts. Verlangt wurden jetzt eine saftige, dunkle und gleichmäßige Goldfarbe, die über den ganzen Körper verbreitet war, und eine käfergrüne Saumfarbe, nicht jedoch eine helle Brust und ein heller Hals- und Sattelbehang, dazu dunkle Schultern. Es gab sehr bald Hähne, die diese Forderungen erfüllten, doch waren mit ihnen noch keine schaugerechten Hennen zu züchten. Der gleichmäßig sattgoldene Hahn wurde an dunkle Hennen gepaart. Dieser Prozess musste dann über eine Reihe von Generationen fortgesetzt werden, bis die Farbmerkmale einigermaßen gefestigt waren. Weitere Schwierigkeiten bereitete die lange und schmale Feder, die zudem nicht rund, sondern lanzettlich war. Sie war außerdem auch ziemlich straff und hart, was nicht zuletzt auf die Einkreuzung der Indischen Kämpfer zurückzuführen war. Die Federn der Silber-Schwarzgesäumten waren zu dieser Zeit schon bedeutend größer, breiter und runder, sodass erneut silberne Hennen eingekreuzt wurden. Damit war die Federform verbessert, doch versagte zunächst die Farbe, da der Silberfaktor dominierte. Beharrlichkeit mit entsprechenden Rückpaarungen führte auch hier schließlich zum ersehnten Ziel. Althennen aus durchgezüchteten Hennenzuchtstämmen behielten auch im zweiten und dritten Jahr, teils sogar noch länger, ihre feine, saftige und satte Goldfarbe mit einem käfergrünen Saum. Gewünscht wurde weder das Kastanienbraun noch das hellere Gold, sondern ein ins Rötliche gehender Mittelton mit einem weichen, seidenartigen Glanz.

Abschließend seien noch einmal die Worte unseres Zuchtfreundes Max Jungnickel (†), der sich neben dem ebenfalls verstorbenen Zuchtfreund Karl Weber große Verdienste um die Zucht aller gesäumten Wyandotten erworben hat, wiedergegeben:

„Bei der Zusammenstellung des Zuchtstammes muss man auch bezüglich der Farbe immer scharf abwägen und auszugleichen suchen, wenn man das Ideal der Gold-Wyandotten nicht verlassen will. Der unliebsame schwarze Halskragen entsteht, wenn der schwarze Schaftstrich in den Halsbefangfedern das Federende durchbricht. Es fehlt dann am Ende die durchgehende goldige Umrandung. Dieser Fehler war früher recht oft bei den Silber-Wyandotten anzutreffen. Doch bei Letzteren gilt diese Entscheidung fast als überwunden. Recht unschön wirkt sich oft bei den Goldenen die sogenannte Kielzeichnung aus. Gemeint ist damit der helle Federkiel, der das dunkelgoldige Federfeld durchläuft und es gewissermaßen in zwei Teile teilt.

Die zu dunkle kastanienbraune Farbe bewirkt oft noch einen anderen Fehler: die kleinere Feder. Wohl zeigen solche Tiere meist einen schönen, käfergrünen Saum, doch die große, breite und runde Feder darf dabei nicht verloren gehen. Auch ist daraus zu schließen, dass Gefiederfarbe und Federbeschaffenheit in einem engen Zusammenhang zueinander stehen. Es kommt sogar vor, dass sich die kleinere Feder bei manchen Tieren an verschiedenen Stellen kräuselt. So werden bei den Hähnen oft die Binden in Mitleidenschaft gezogen. Bei den Hennen finden sich solche Erscheinungen auf dem Rücken. Bei weiterer Entwicklung einer solchen extremen Richtung können sich sogar Erscheinungen in Gestalt einer haarigen Feder zeigen. Ähnliche Fehler findet man bei manchen Stämmen der Rhodeländer vor. Die Goldenen sind aber in unseren besten Stämmen so durchgezüchtet, dass Moos und Pfeffer, wenigstens bei Jungtieren, sich nur noch selten zeigen. Wenn eine Althenne ihre saftige Goldfarbe gehalten hat und ein reines Mantelgefieder aufweist, dann ist diese für die Zucht besonders wertvoll."

Die Gold-Schwarzgesäumten erreichten nie die Verbreitung der Silber-Schwarzgesäumten. Ihr Bestand ist seit Jahren rückläufig.

0,1 Deutsche Wyandotten, gold-schwarzgesäumt (W. Rohrmann, Finnentrop)

Gelb-Schwarzgesäumt

Die noch jungen Gelb-Schwarzgesäumten entsprechen im Zeichnungsbild den Gold-Schwarzgesäumten; jedoch ist bei ihnen das Gold durch ein intensives Gelb ersetzt.

Gold-Blaugesäumt

(ehemals Blaugold)

Hahn: Kopf und Halsbehang gold mit dunkelblauem Schaftstrich, der im oberen Teil der Feder am Kiel entlang durch die Zeichnungsfarbe Gold unterbrochen wird und am Federaußenrand einen goldenen Schmucksaum zeigt. (Bei sonst gleichwertigen Hähnen erhält der mit weniger dunklen Federspitzen den Vorzug.) Sattel- wie Halsbehang farblich möglichst übereinstimmend. Brust gold, von der Kehle bis zu den Schenkeln jede Feder mit gleichmäßig breitem blauem Saum umfasst. Rücken und Flügeldecken gold mit eingelagerter, pfeilspitzartiger blauer Säumung. Reingoldener Rücken nicht erwünscht. Die größeren Flügeldeckfedern müssen rundum blau gesäumt sein und drei Binden bilden. Die Armschwingen, soweit von außen sichtbar, gold mit blauer Säumung, Innenfahnen blau. Die Handschwingen haben blaue bis blaugraue Innen- und goldene Außenfahnen. Schenkelfedern möglichst groß, breit und rundum blau gesäumt. Schwanz blau, Untergefieder blau bis blaugrau.
Henne: Im Kopf- und Halsgefieder setzt sich die Zeichnungsanlage des Mantelgefieders fort. Dazu ist jede Feder mit einem goldenen Schmucksaum umgeben. Rücken, Flügel, Brust und Schenkel möglichst breite, runde, goldene Federn mit schmaler, gleichmäßiger, blauer Säumung. Schwingen wie beim Hahn; Steuerfedern blau bis blaugrau; Untergefieder blaugrau.

Grobe Fehler:
Hahn: Zu fleckige, unreine oder rußige Oberfarbe, stark voneinander abweichende Farbe in Hals- oder Sattelbehang, einfarbig blau oder grau in Hals oder Kragen, einfarbige Schultern, Flügeldecken und Rücken, matter oder grauer Saum, fehlender Armschwingensaum, blockige, verschwommene Säumung, ausgeprägter spitzer oder Halbmondsaum, braune Sicheln, graue Schenkel, zu helles, wolkiges After- und Untergefieder. *Henne:* Fahle, sehr fleckige oder unterschiedliche Oberfarbe, blauer Kragen, Moos oder Pfeffer im goldenen Federfeld (die letzten großen Schwanzdeckfedern jedoch ausgenommen), zu breite, stark lanzettförmige oder verdeckt wirkende Zeichnung, blockiger, spitzer Halbmond- oder Doppelsaum, helles oder zu goldfarbenes After- und Untergefieder.

Auch diesem Farbenschlag haben sich schon sehr frühzeitig Züchter zugewandt. Die Stammeltern waren Andalusier und gold-schwarzgesäumte Wyandotten. Die Nachzucht war zunächst ein buntes Far-

1,0 Deutsche Wyandotten, gold-blaugesäumt (E. Alberts, Westerstede)

bengemisch, und es hat viel Zeit und Mühe gekostet, die Zeichnungsanlagen zu festigen. Einer der ersten Züchter war Zfr. Heidenbluth aus Frankenberg/Sachsen. Aus seinen großen Nachzuchten von meist über 100 Tieren waren oft nur wenige zur Weiterzucht geeingnet. Bei den Ausstellungen standen die Gold-Blaugesäumten nicht mit den anderen Wyandotten zusammen. Man nannte sie anfangs „Blaugesäumte“. In den Katalogen waren sie unter dem Namen „andersfarbige Wyandotten“ aufgeführt.

Erst im Jahre 1920 vollzog sich ein Wandel, als anlässlich der Lipsia-Schau in Leipzig der „Sonderverein der Züchter gesäumter Wyandotten“ gegründet wurde. Jetzt wurde die Zucht auf breiter Basis aufgenommen, und eine Anzahl von begeisterten Züchtern wandte sich mit Geduld und Ausdauer diesem Farbenschlag zu. An der Spitze stand der Mitbegründer des Sondervereins, Fritz Schürer aus Leipzig, der in dieser Zucht Vortreffliches geleistet hat. Bereits im Jahre 1929 standen bei der Lipsia-Schau über 100 Gold-Blaugesäumte, teils schon in recht ansprechender Qualität.

Den Züchtern kam natürlich zugute, dass die gold-schwarzgesäumten Wyandotten in ihren Rasseeigenschaften schon einigermaßen gefestigt waren. Ebenso wie die Blauen sind die Gold-Blaugesäumten spalterbig, d.h., in der Nachzucht treten neben den statistisch zu erwartenden 50% Gold-Blaugesäumten auch immer ca. 25% Gold-Schwarzgesäumte und ca. 25% Gold-Weißgesäumte auf. Da die Gold-Schwarzgesäumten im Saum meistens lanzettförmig waren, hat man sie zur Weiterzucht nicht verwendet. Bei den Gold-Weißgesäumten hatten die Hähne bunte Schwänze und die Hennen blaue Köpfe. Sie konnten ausgestellt werden, da man diese Farbfehler nicht beanstandete und die aus Gold-Blaugesäumt gefallenen Tiere meist eine einwandfreie Zeichnung hatten.

0,1 Deutsche Wyandotten, gold-blaugesäumt (W. Rohrmann, Finnentrop)

Die Zucht der Gold-Blaugesäumten hatte bis 1939 einen sehr hohen Stand erreicht. Der Zweite Weltkrieg hat hiervon nur sehr wenig übrig gelassen. In späteren Jahren hat sich die Zucht sichtlich erholt. Es gibt heute Zuchten, die in der Nachzucht verhältnismäßig wenige fehlerhafte Tiere erbringen. War einst die farbliche Variation sehr groß, so ist auch dies bedeutend besser geworden, obwohl die Meinungen über die etwas hellere oder die intensivere blaue Grund- und Saumfarbe auseinandergehen. Da in der gesamten Rassegeflügelzucht die einzelnen Farben und hier besonders Blau eher zum Verblassen als zum Dunklerwerden neigen, sollte man sich auch bei den Gold-Blaugesäumten auf eine etwas intensivere Farbe einigen. Es gäbe dann auch Althennen, die auch mit drei oder vier Jahren noch einen schönen Saum zeigen. Zudem gibt es Gold-Weißgesäumte, warum sollte man dann die Gold-Blaugesäumten weißlich blaugold haben wollen?

Das Mantelgefieder des Hahnes muss ein gleichmäßiges, saftiges und glanzreiches Rotgold sein. Dazu müssen Hals, Schulter und Sattel gut zusammen harmonieren, also keine farblichen Absätze zeigen. Hähne mit matter Oberfarbe befriedigen meist auch nicht in der Grundfarbe und zählen daher nicht zu den guten Zuchthähnen. Die Binden der Hähne sind z. T. noch flockig; hierauf ist zu achten. Bei den Hennen zeigt sich an der Oberbrust vereinzelt die unschöne Spitzenzeichnung. Sicherlich gibt es nur wenige Hennen, die einen einwandfreien Saum besitzen. Er ist jedoch anzustreben, wenngleich man bei den Hennen im Saum und in der Farbe noch etwas Spielraum zulassen sollte.

In der Federanlage, Saum-, Grund- und Zeichnungsfarbe ist der Zuchtstand sehr angestiegen. Diese Merkmale werden von den Sonderrichtern dementsprechend bewertet. Wichtig ist, auf den Goldflittersaum des Halsbehanges zu achten.

In der Form wurden erhebliche Fortschritte erzielt. Die hoch gestellten Hähne sind selten geworden. Hähne wie Hennen haben häufig einen schönen, vollen Sattel, und die Schwanzpartie wird voller und breiter, wenngleich im Abschluss noch Wünsche offen bleiben. Die ideale Wyandotten-Form auch auf die Gold-Blaugesäumten zu übertragen, wird, bedingt durch die etwas härtere Feder, vielleicht immer ein Wunschtraum bleiben. Das Ziel sollte es aber sein.

Der Farbenschlag zeigt eine mittlere Häufigkeit. Die Bestandstendenz scheint konstant zu sein.

Gold-Weißgesäumt
(ehemals Weißgold)

Hahn: Kopf und Halsbehang gold mit weißem Schaftstrich, der im oberen Teil der Feder am Kiel entlang durch die Zeichnungsfarbe Gold unterbrochen wird und am Federaußenrand einen goldenen Schmucksaum zeigt. (Bei sonst gleichwertigen Hähnen erhält der mit weniger hellen Federspitzen den Vorzug.) Sattel- wie Halsbehang farblich möglichst übereinstimmend. Brust gold, von der Kehle bis zu den Schenkeln jede Feder mit gleichmäßig breitem weißem Saum umfasst. Rücken und Flügeldecken gold mit eingelagerter, pfeilspitzartiger weißer Säumung. Reingoldener Rücken nicht erwünscht. Die größeren Flügeldeckfedern müssen rundum weiß gesäumt sein und drei Binden bilden. Die Armschwingen, soweit von außen sichtbar, gold mit weißer Säumung, Innenfahnen weiß. Die Handschwingen haben weiße Innen- und goldene Außenfahnen. Schenkelfedern groß, breit und rundum weiß gesäumt. Schwanz weiß, Untergefieder rahmweiß.

Henne: Im Kopf und Halsgefieder setzt sich die Zeichnungsanlage des Mantelgefieders fort. Dazu ist jede Feder mit einem goldenen Schmucksaum umgeben. Rücken, Flügel, Brust und Schenkel möglichst breite, runde, goldene Federn mit schmaler, gleichmäßiger weißer Säumung. Schwingen wie beim Hahn; Steuerfedern, Aftergefieder und Untergefieder rahmweiß.

Grobe Fehler:
Hahn: Zu fleckige, unreine Oberfarbe, stark voneinander abweichende Farbe in Hals- und Sattelbehang, einfarbiger Hals oder Kragen, einfarbige Schultern, Flügeldecken und Rücken, bläulicher Farbton in Halsbehang und Säumung, blaue Federn im Schwanz, fehlender Armschwingensaum, blockige, verschwommene Säumung, ausgeprägter spitzer oder Halbmondsaum, dunkles, wolkiges Aftergefieder. *Henne:* Sehr unterschiedliche, zu helle oder zu rötliche Oberfarbe, weißer, einfarbiger Kragen, Moos oder Pfeffer im goldenen Federfeld (die letzten großen Schwanzdeckfedern jedoch ausgenommen), zu breite, stark lanzettförmige oder verdeckt wirkende Zeichnung, blockiger, spitzer Halbmond- oder Doppelsaum, dunkles After- oder Untergefieder.

1,0 Deutsche Wyandotten, gold-weißgesäumt (A. Habermann, Großlangheim)

0,1 Deutsche Wyandotten, gold-weißgesäumt (W. Kappes, Maintal)

Dieser Farbenschlag kam schon Ende der 80er-Jahre des 19. Jahrhunderts nach Deutschland und wurde alsbald in einzelnen Exemplaren bei den Schauen gezeigt. Sie hießen zu jener Zeit Chamois-Wyandotten, standen bei den Ausstellungen unter den „Andersfarbigen" und hatten zunächst nur wenige Liebhaber. Entstanden waren sie aus gold-schwarzgesäumten und weißen Wyandotten, was bedeutet, das es seinerzeit unter den Weißen bereits Linien mit dominantem Weiß gegeben haben muss. Im Jahre 1920, mit der Gründung des SV der gesäumten Wyandotten, bekamen sie mit Zustimmung des Bundes Deutscher Geflügelzüchter den Namen „Weißgold-Wyandotten„. Nun befasste sich eine Anzahl von begeisterten Züchtern mit diesem neuen Farbenschlag.

Nach vorliegenden Aufzeichnungen standen bei der Lipsia-Schau im Jahre 1929 55 Gold-Weißgesäumte. Sie waren in der Farbe noch recht unterschiedlich, doch in der Form von ausgeglichener Durchschnittsqualität. Wie bereits an anderer Stelle erwähnt, konnten die aus Gold-Blaugesäumt gefallenen Tiere zu dieser Zeit unter den Gold-Weißgesäumten ausgestellt werden, trotz des bunten Schwanzes der Hähne und der blauen Köpfe der Hennen. Dank ihrer besseren Säumung, die sie von den Gold-Blaugesäumten mitbrachten, erhielten sie nicht selten die höchsten Preise, worüber die Züchter der reinen Weißgold-Zuchten mit Recht unzufrieden waren. Alsbald wurde deshalb vom SV beschlossen, dass diese Tiere von einer höheren Bewertung auszuschließen sind, sofern äußere Merkmale ihre Abstammung verraten. Dies hatte natürlich zur Folge, dass die Meldeziffern bei den großen Schauen merklich zurückgingen.

Die Grundlage der Zucht bildeten gold-schwarzgesäumte Hähne und weiße Hennen. Diese Paarungen wurden mehrere Jahre in Linienzucht fortgesetzt und brachten die besten Erfolge. Sicherlich ließ und lässt die Zeichnung noch manchen Wunsch offen, doch sind auf diesem Weg die vorher gezeigten bunten Schwänze der Hähne und die blauen Köpfe der Hennen verschwunden. Die weißen Hälse der Hennen ohne Zeichnung verschwanden, und der Goldton des gesamten Mantelgefieders wurde bei beiden Geschlechtern wärmer und weicher. Dieser warme Farbton konnte mit den aus Gold-Blaugesäumt gefallenen Tieren in der Regel nicht erzielt werden, da diesen ein Silberweiß eigen ist, das einen zu harten Kontrast zu dem prächtigen Goldton ergibt. Damals wie heute kann die richtige

Paarung solcher Tiere trotzdem hochwertige Ausstellungstiere erbringen.

Beim Zuchthahn wird kein besonderer Wert auf die Hals- und Sattelzeichnung gelegt. Zur Erzielung feiner Hennen ist auf eine gleichmäßige Farbe seines Mantelgefieders zu achten. Als besonders wertvolles sichtbares Zeichen gelten die vielen rund gesäumten Hennenfedern des Hahnes am Sattelende. Mindestens drei gute und sauber gesäumte Binden – die wohl scharf, aber nicht zu fein sein sollen, wenn sich die Zeichnung über die Schultern und den Rücken andeutungsweise fortsetzt – sollten unbedingt vorhanden sein. Ein weiterer Wunsch ist die offene und runde Brustzeichnung, die sich bis zu den Schenkeln fortsetzen soll. Durch weiteres Einkreuzen von weißen Wyandotten konnte die Form der Gold-Weißgesäumten zwar wesentlich verbessert und gefestigt werden, doch erschwert die dadurch entstandene lockere Feder das Entstehen der gewünschten scharfen und einwandfreien Säumung. Besonders auf dem Rücken und in der Schwanzpartie der Hennen stellt dies ein schwerwiegendes Problem dar. Daher soll noch einmal betont werden, dass der Zuchthahn die sogenannten breiten Hennenfedern zwischen Sattelbehang und Schwanz haben muss, wenn in der Nachzucht klare Zeichnungen erreicht werden sollen.

Die Schwierigkeiten in der Zucht sind seit den 30er-Jahren des 20. Jahrhunderts unverändert. Den Hähnen ist ein noch vollerer Schwanz zu wünschen, d.h. die Steuerfedern könnten besser abgedeckt sein. Die Binden sollten korrekter durchgesäumt, jedoch nicht blockig sein. Bei den Hennen ist häufig die Zeichnung auf Rücken und Schwanz zu verbessern. Auch die Brustzeichnung kann noch schärfer werden. In der Farbe wie auch in den anderen Rassemerkmalen sollte den Gold-Weißgesäumten jedoch ein gewisser Spielraum eingeräumt werden, um den wenigen Züchtern in ihren Bemühungen um die Erhaltung des Farbenschlages entgegenzukommen.

Die Bestandstendenz dieses seltenen Farbenschlages ist negativ.

Weiß

Farbe: Reines, glänzendes Weiß mit reinweißem Untergefieder.

Grobe Fehler:
Gelb in den Behängen beim fertigen Tier.

Bei der Herauszüchtung der silberschwarzgesäumten Wyandotten fielen verständlicherweise viele Fehlfarben an. Darunter waren auch weiße Tiere, für die sich sofort mehrere amerikanische Züchter interessierten. Die ersten Tiere, die ganz offensichtlich rezessiv weiß gewesen sein müssen, hatten weder eine ausgeglichene Form noch waren sie wirklich „weiß“. Bedingt durch ihre Vorfahren, also die Silber-Schwarzgesäumten und die später noch hinzugekommenen Gold-Schwarzgesäumten, hatten die Züchter mit mehr oder weniger

1,0 Deutsche Wyandotten, weiß (V. Heun, Gersfeld)

0,1 Deutsche Wyandotten, weiß (G. Hanxleden, Oberursel)

starkem gelbem Anflug zu kämpfen, was ja z. T. noch heute der Fall ist.

In Europa tauchten die ersten Weißen um 1890 auf. Bereits im Jahre 1901 wurde der „Deutsche Züchterverein weißer Wyandotten“ gegründet. Zu dieser Zeit waren die Weißen bei uns bereits stark verbreitet. Neben ihrer Schönheit waren hierfür besonders die hervorragenden Wirtschaftseigenschaften ausschlaggebend. Den Züchtern jener Zeit schwebte eine sogenannte Lyraform als Idealtyp vor. Trotz des hohlen Rückens sahen die Tiere recht gefällig aus, hatten eine durchweg ausgeglichene Form, die ihre wirtschaftlichen Eigenschaften nicht beeinträchtigte. Sie wurden von den Landwirtschaftskammern zu den sechs besten Nutzrassen gezählt. Ein bekannter Züchter dieser Zeit war Paul Hohmann aus Zerbst in Sachsen-Anhalt, der außer auf die Schönheit besonders auch auf die Leistung achtete. Auch die Züchter Prof. Reiß, später Pockau-Lengefeld im Erzgebirge, und Tiekenheinrich, Bad Oeynhausen, dominierten viele Jahre lang die Zucht.

Da die Federn heute weniger lose verlangt werden, sind auch die unschönen Schenkelpolster seltener geworden, sodass wir heute bei den Schauen ganz hervorragende Vertreter weißer Wyandotten zu sehen bekommen.

Unumgänglich vor der Ausstellung ist die Wäsche der Tiere. Hierzu ist viel Erfahrung erforderlich. Sicher sind langjährige Züchter gern bereit sind, ihr Wissen an interessierte Zuchtfreunde weiterzugeben. Wie schnell ist eine feine weiße Wyandotten-Henne nach der Wäsche in der Feder viel zu lose oder durch falsches Trocknen plötzlich gelb im Gefieder! Für den Preisrichter bleibt es eine Aufgabe, mit Können und dem nötigen Fingerspitzengefühl zwischen einer durch die Wäsche bedingten und einer dem Tier eigenen, etwas weicheren und losen Feder zu unterscheiden. Sicherlich eine schwierige, aber in Anbetracht der Tatsache, dass die erforderliche Wäsche vor den Ausstellungen für manchen Züchter ein Grund war, diesen Farbenschlag entweder aufzugeben oder nicht mehr auszustellen, dankbare Aufgabe!

Die weißen Wyandotten gehören zu den häufigen Farbenschlägen und zeigen eine vergleichsweise konstante Bestandstendenz.

1,0 Deutsche Wyandotten, schwarz (S. Vay, Messel)

Schwarz

Farbe: Reinschwarz, von außen mit grünem Glanz, Untergefieder beim Hahn nach dem Grunde weiß. Wenig Weiß in den Sicheln der Hähne und etwas unreine Lauffarbe der Hennen bei gut geformten Tieren sind mild zu beurteilen.

Grobe Fehler:
Glanzloses Gefieder, bronzefarbiger Schwanz, starkes Weiß in den Sicheln und Schwingen bei Hähnen, blassgelbe Lauffarbe der Hähne und dunkle der Hennen.

Der Zeitpunkt der Erzüchtung der schwarzen Wyandotten lässt sich leider nicht mehr exakt datieren. Obwohl sie in den USA bereits frühzeitig in der Silberzucht als Folge diverser Einkreuzungen anfielen und dort 1893 anerkannt wurden, erfolgte in Deutschland eine eigenständige Herauszüchtung. Genaue Aufzeichnungen hierzu sind nicht mehr vorhanden, aber vermutlich geschah dies zwischen den Jahren 1896 und 1898. Die Ausgangsrassen bildeten silber-schwarzgesäumte, gold-schwarzgesäumte und weiße Wyandotten, Plymouth Rocks, Italiener, Langschan, Cochin, Orpington und Hamburger. Als Herauszüchter müssen zwei Namen ganz besonders genannt werden: Richard Greif aus Wallbach und Albert Ulrich aus Hartha in Sachsen.

Die ersten Tiere wurden bereits im Jahre 1902 von Richard Greif bei der größten sächsischen Junggeflügelschau, jener in Grüna, gezeigt. Sie waren bereits von beachtlicher Qualität. In den folgenden Jahren (1904–1906) wurden von englischen und holländischen Züchtern sehr viele Spitzentiere bei führenden Ausstellungen aufgekauft.

Die Vielzahl der eingekreuzten Rassen und die dadurch auftretenden züchterischen Probleme konnten dank des 1908 gegründeten Sondervereins und der Sachkenntnis der Züchter schnell überwunden werden. Zwei positive Entwicklungen in der Geschichte des SV brachten der Rasse einen bis heute noch nicht wieder erreichten Aufschwung. 1919 schloss sich der Sächsisch-Thüringische Wyandotten-Club dem SV an. Dadurch wuchs die Mitgliederzahl auf 215. Die Zweistammzucht wurde

0,1 Deutsche Wyandotten, schwarz (T. Ybarra, Hanau)

im Jahr 1928 aufgegeben. Ein zum Grunde hin weißes Untergefieder des Hahnes wurde gestattet. Durch diese Entscheidung wurde ein grundlegender Schritt zur weiteren Verbreitung der Rasse getan. 200 schwarze Wyandotten bei einer Sonderschau in den Jahren vor dem Zweiten Weltkrieg waren keine Seltenheit.

Der SV wurde in den ersten 90 Jahren seines Bestehen von nur vier (!) hervorragenden Züchtern und Kennern der Rasse als Vorsitzende geleitet. Es waren dies der Gründer des SV, August Dette, Duisburg (1908–1934); Heinrich Koring, Enger i. W. (1934–1948), Heinrich Langhorst, Diepholz (1948–1980), und Heinrich Göttsche, Hohenaspe, der 1980 SV-Vorsitzender wurde.

Der Zweite Weltkrieg und die sich hieraus ergebenden Folgen schwächten den SV erheblich. Es ist ein besonderes Verdienst des Ehrenvorsitzenden Heinrich Langhorst, dass er nach unendlichen Bemühungen die versprengten Züchter wieder um sich versammelte und den SV zu seiner heutigen Blüte führte.

In Züchterkreisen hört man oft die Bemerkung, einfarbige Tiere seien leicht zu züchten, die Farbe Schwarz sei nun einmal schwarz. Das stimmt nur zum Teil. Gefordert wird ein sattes und sauberes Schwarz, das mit einem käfergrünen Glanz überzogen sein soll. Bei der Henne wird die Federfarbe zum Grund hin mausgrau verlangt, während sie beim Hahn zum Grunde hin stets weiß sein muss. Dieser Forderung muss viel Beachtung geschenkt werden, besteht doch ein starker Zusammenhang zwischen dem Weiß beim Hahn, den gelben Läufen und dem käfergrünen Lack. Tiere mit mattem und duffem Gefieder, bei denen sich auch noch ein blauer oder violetter Glanz zeigt, gehören nicht in die Zucht.

Ein weiterer sehr grober Fehler ist Bronzeton im Gefieder. Er zeigt sich leider sehr spät, meist erst dann, wenn das Tier das letzte Federkleid bekommt. Besonders macht er sich im Halsbehang und in der Besichelung der Hähne bemerkbar. Mit solchen Tieren züchtet man nicht.

Bauschiges Gefieder ist bei den schwarzen Wyandotten unerwünscht. Die Federstruktur soll fester und härter sein als bei den Weißen. Werden die Federn indes zu hart, geht die behäbige Eleganz verloren.

Die Federn sollen breit und schön abgerundet sein. Hier sollte das Augenmerk besonders den Hand- und Armschwingen gelten, die oft dazu neigen, zu schmal und spitz zu werden.

Die Lauffarbe, und hier besonders die der Hähne, wird sattgelb verlangt. Bei den Hennen sind einige leichte dunkle Spritzer an den Zehen gestattet. An dieser Forderung scheitern viele Züchter, besonders Zuchtanfänger. Verpaart man nur Tiere mit sattgelben Beinen, so wird sich bei der Nachzucht – hier vor allem bei den Häh-nen – sehr viel Weiß im Obergefieder zeigen. Es kann so stark in Erscheinung treten, dass scheckige Tiere anfallen. Daher sollte man durchaus auch Hennen einsetzen, die dunkle Flecken an den Zehen haben. Die Läufe der Hennen können auch grün angelaufen sein, der Hahn allerdings muss immer die sattgelbe Beinfarbe zeigen.

Die Schwarzen sind zusammen mit den Silber-Schwarzgesäumten und den Weißen die häufigsten Wyandotten.

Blau

Farbe: Ein gleichmäßiges, ungesäumtes Blau mit gut durchgefärbtem Schwanz; beim Hahn der Kopf, die Behänge und die Flügeldecken dunkler bis samtschwarz, leichtes Weiß im Untergefieder erforderlich.

Grobe Fehler:
Schimmeliges oder rußiges, auch zu scheckiges Blau, braune (rostige) Töne, grünlicher Glanz im Schmuckgefieder oder Weiß im Schwanz junger Hähne.

Über den Zeitpunkt der Entstehung der blauen Wyandotten konnten keine Aufzeichnungen gefunden werden. Offenbar entstanden sie unabhängig voneinander in England und Deutschland. Berichten zufolge waren sie in den 30er-Jahren des 20. Jahrhunderts stärker verbreitet; bei den führenden Schauen standen bis zu 30 Tiere. Schwierig war und ist die Farbe. Gewünscht wird beim Hahn ein gleichmäßiges „Taubenblau" und ein samtschwarzer Hals- und Sattelbehang. Die Hennen sollen ebenfalls taubenblau mit etwas dunklerem (blauschwarzem) Hals sein.

Blaue Wyandotten sind spalterbig, d. h., in der Nachzucht fallen in der Regel zu 50 % blaue und zu jeweils 25 % weiße (andalusierweiße) und schwarze Tiere an. Diese sogenannten Fehlfarben können jedoch zur Zucht sehr wertvoll sein, da die Verpaarung von Schwarzen und Andalusierweißen wieder zu 100 % blaue Nachzucht ergibt.

Außerdem empfiehlt es sich, in Abständen einen schwarzen Hahn oder eine schwarze Henne einzukreuzen. Wie die Zucht der doch recht verbreiteten blauen Zwerg-Wyandotten zeigt, sind damit große und sofortige Erfolge zu erzielen. Die hierbei zu statistisch 50 % anfallenden Blauen haben oft eine einwandfreie Zeichnung. Daraus folgt natürlich nicht, dass es leicht ist, blaue Wyandotten zu züchten, denn schließlich können nicht ständig schwarze Tiere eingekreuzt werden, und zudem steht nicht fest, dass alle Nachkommen dieser F_1-Tiere den Wünschen des Züchters entsprechen. Ohne Stammbaumzucht und großes züchterisches Können mit dem Gefühl für richtiges Kombinieren der Farben werden allenfalls Zufallserfolge eintreten.

1,0 Deutsche Wyandotten, blau (H. Lefeld, Gütersloh)

0,1 Deutsche Wyandotten, blau (H. Lefeld, Gütersloh)

Die Hähne werden möglichst ohne gelben bis braunen Anflug im Halsbehang gewünscht. Solche mit einem schönen samtschwarzen Schmuckgefieder sind im Käfig und in der Zucht vorzuziehen. Mit dieser Erkenntnis unlösbar verbunden ist die Notwendigkeit, dass die Hennen nicht zu hell sind. Man erhält sonst bei den Hähnen das störende, fast weiße Flügeldreieck.

Eine weitere Schwierigkeit ist der sehr oft auftretende dunklere Saum der blauen Feder. Im Standard heißt es: „... ungesäumtes Blau". Dieses ungesäumte Blau sollte auch angestrebt werden. Es wäre aber auch falsch, ein Tier wegen einer leichten Säumung der Feder zu strafen. Damit wäre dieser schwierigen Zucht nicht gedient, und man würde den wenigen Züchtern nicht gerecht. Es sollte genügen, wenn die Preisrichter auf der Bewertungskarte unter „Wünsche" auf den Saum aufmerksam machen. Bei sonst gleichwertigen Tieren ist natürlich jenes ohne oder mit nur geringem Saum vorzuziehen. Auf keinen Fall sollte es aber vorkommen, dass sonst feine blaue Wyandotten mit weniger als 93 Punkten bewertet werden, weil sie einen leichten Saum zeigen. Bezüglich ihrer Häufigkeit befinden sie sich im Mittelfeld der Wyandotten-Farbenschläge, wenngleich auch hier die Bestandstendenz negativ ist.

Gelb

Farbe: Ein gleichmäßiges, mittleres Gelb, weder ins Rötliche noch ins Braune übergehend; Schwanz tiefgelb bis bronzefarbig; gelb in Unterfarbe und Federschaft.

Die gelben Wyandotten, die 1893 Aufnahme in den US-Standard fanden, entstanden aus weißen und gold-schwarzgesäumten Wyandotten sowie gelben Cochin. Genauere Aufzeichnungen hierüber liegen jedoch nicht vor. Eine besondere Bedeutung haben sie leider nie erreicht, da sie offensichtlich immer im Schatten der gelben Orpington standen. Ausreichen sollte diese Erklärung dennoch nicht, denn die gelben Zwerg-Wyandotten erfreuen sich großer Beliebtheit. Wie dem auch sei: Sicherlich war es schon immer schwer, die gewünschte Farbe, ein gleichmäßiges, leuchtendes Gelb, auf weiße oder schwarze Wyandotten zu übertragen. Aus älteren Abbildungen geht hervor, dass die Hähne im Hals und Sattel zu strohig und auf den Decken zu rot waren. Zudem fehlte ihnen die nötige Steigung, der volle Sattel und der volle Abschluss. Die Hennen erschienen fleckig und zu stumpf in der Farbe. Einer der ersten Züchter dieses Farbenschlages war Franz Vetter aus Kötzschenbroda bei Dresden.

Auch heute gehören die Gelben zu den seltenen Farbenschlägen, haben sich jedoch in ihrem Bestand in den letzten Jahren zunehmend gefestigt.

1,0 Deutsche Wyandotten, gelb (A. Spätker, Borken-Weseke)

Grobe Fehler:
Zu lichte, verwaschene, dunkle oder rote Farbe, scheckiges Gefieder, schwarze Schwingen mit schwarzem Schaft, bunte Flügeldecken und bunter Halsbehang.

Goldhalsig

Hahn: Kopf dunkelgoldfarbig, Hals- und Sattelbehang goldgelb mit breitem schwarzem Schaftstrich, auch der Federkiel schwarz. Rücken und Schultern leuchtend karminrot. Große Flügeldeckfedern (Binden) grün glänzend schwarz. Hand- und Armschwingen Innenfahne schwarz, äußerer Rand bzw. Außenfahne braun, das hellbraune Flügeldreieck bildend. Kehle, Brust, Bauch, Schenkel und Schwanz grün glänzend schwarz.

Henne: Halsbehang wie beim Hahn. Körpergefieder dunkles Graubraun mit feiner schwarzer Rieselung, jedoch ohne Säumung und möglichst auch ohne helle Nervzeichnung.

Grobe Fehler:
Beim Hahn: Braun in den schwarzen Gefiederteilen, zu roter Hals- und Sattelbehang, durchstoßender Schaftstrich, Schilf im Schwanz, schwarzes Flügeldreieck. *Bei der Henne:* Bänderung, starke Säumung, zu helle, zeichnungslose oder lachsfarbige Brust, fehlender oder durchstoßender Schaftstrich im Halsbehang.

1,0 Deutsche Wyandotten, goldhalsig (K. Spill, Neuenstein)

0,1 Deutsche Wyandotten, goldhalsig (J. Ruppel, Frankfurt)

Bei den Goldhalsigen handelt es sich um die ehemalige Hahnenzuchtlinie der Rebhuhnfarbig-Gebänderten, die nach Aufgabe der Zweistammzucht unter diesem Namen anerkannt wurde.

Sie gehören nach wie vor zu den seltensten Farbenschlägen der Deutschen Wyandotten..

Rebhuhnfarbig-Gebändert
(ehemals Rebhuhnfarbig)

Hahn: An Brust, Bauch und Schenkeln schwarz mit brauner Säumung; Hals- und Sattelbehang goldfarbig mit sehr zartem, schwarzem, durchbrochenem Schaftstrich; Rücken und Schultern braungold, größere Flügeldecken goldbraun, mit Schwarz durchbrochen; Schwingen außen braun, innen schwarz; Steuerfedern schwarz, möglichst braun gesäumt, Sicheln schwarz, braune Einstreuungen gestattet.

Henne: Grundfarbe ist ein gleichmäßiges, sattes Lichtbraun, von dem sich die schmale, schwarze Zeichnung scharf und wirkungsvoll abhebt. Sie besteht aus einer mehrfachen, der Federform folgenden Bänderung. Halsbehang goldig mit schwarzer Schaftzeichnung.

Grobe Fehler:
Beim Hahn: Klatschige Brust-, Bauch- und Schenkelfärbung, Weiß in Schwingen und Schwanz, schwarzer Federkiel.
Bei der Henne: Sehr ungleichmäßige Grundfarbe, verwaschene oder fehlende Zeichnung.

Die rebhuhnfarbig-gebänderten (früher rebhuhnfarbigen) Wyandotten wurden im Heimatland gleich zweimal herausgezüchtet: Im Osten der USA aus gold-schwarzgesäumten Wyandotten und rebhuhnfarbigen Cochin, im Westen nach dem gleichen Rezept unter zusätzlicher Verwendung Indischer Kämpfer. Die Aufnahme in den US-Standard erfolgte 1901. Anfänglich erfreuten sie sich großer Beliebtheit. Vom Hahn wurde eine reinschwarze Brust gefordert, während die Henne im Mantelgefieder bedeutend heller sein sollte. Ohne die Zweistammzucht war dieses Ziel nicht zu erreichen. Schließlich züchtete man die beiden Geschlechter in der Gefiederfarbe so weit auseinander, dass man im Jahre 1926 von zwei völlig getrennten Farbenschlägen sprechen konnte, nämlich Goldhalsig bei der Hahnenzucht und Rebhuhnfarbig-gebändert bei der Hennenzucht. Diese Trennung finden wir nunmehr in unserer Musterbeschreibung. Während bei den Goldhalsigen die Henne nur als Mittel zum Zweck, also zur Vererbung schöner Hähne dient, ist der Hahn bei den Rebhuhnfarbig-Gebänderten zur Erzüchtung fein gezeichneter Hennen ausersehen.

Die Grundfarbe der rebhuhnfarbig-gebänderten Henne soll laut Musterbeschreibung ein gleichmäßiges, sattes Lichtbraun sein, von dem sich die schwarze Zeichnung, sprich Bänderung, scharf und wirkungsvoll abhebt. Der Begriff „Lichtbraun" kann jedoch die Farbvorstellung nicht wiedergeben, da er zu ungenau ist. Natürlich hat es über die Grundfarbe immer wieder Meinungsverschiedenheiten gegeben und das wird wohl auch in Zukunft so bleiben. Bei den braungebänderten Zwerg-Wyandotten wird die Grundfarbe wie bei einer reifen Haselnuss, also nicht so dunkel, gewünscht. Vielleicht ist es möglich, diese Farbbezeichnung auch für die rebhuhnfarbig-gebänderten Wyandotten zu übernehmen und schließlich danach zu züchten.

Eine erfolgreiche Zucht rebhuhnfarbig-gebänderter Deutscher Wyandotten kann eigentlich nur über die Stammbaumzucht betrieben werden, da die Zeichnungsanla-

1,0 Deutsche Wyandotten, rebhuhnfarbig-gebändert (N. Schütze, Biere)

0,1 Deutsche Wyandotten, rebhuhnfarbig-gebändert (J. Ruppel, Frankfurt)

gen des Zuchthahnes in erster Linie an seinen weiblichen Vorfahren, den Hennen, abzulesen sind. Die Betonung liegt bewusst auf der Mehrzahl: Hennen, da möglichst die Zeichnungsanlagen mehrerer Generationen bekannt sein sollten.

Die Rebhuhnfarbig-Gebänderten gehören zu den Farbenschlägen mit mittlerer Häufigkeit.

Silberhalsig

Hahn: Kopf silberweiß; Hals- und Sattelbehang silberweiß mit breiten, schwarzen Schaftstrichen. Rücken, Schultern und Flügeldecken silberweiß. Handschwingen schwarz mit weißem Außenrand. Armschwingen Innenfahne schwarz, Außenfahne weiß, das Flügeldreieck bildend. Große Flügeldeckfedern (Binden) grün glänzend schwarz. Schwanz grün glänzend schwarz. Brust, Bauch, Schenkel und Aftergefieder reinschwarz.

Henne: Kopf silberweiß; Halsbehang silberweiß mit breiten, schwarzen Schaftstrichen und schwarzen Federkielen. Körpergefieder mit silbergrauer Grundfarbe und feiner, dichter, schwarzer Rieselung, möglichst ohne silbrigen Federrand und Nervzeichnung. Leicht aufgehellte Oberbrust vorerst gestattet. Bedingt durch die dichte Rieselung, erscheint das Gesamtbild als dunkelste Variante der silberhalsigen Zeichnungsart. Untergefieder grau.

Die Silberhalsigen repräsentieren die ehemalige Hahnenzuchtlinie der Silberfarbig-Gebänderten (ehemals Dunkel), die nach Aufgabe der Zweistammzucht unter diesem Namen anerkannt wurden.

0,1 Deutsche Wyandotten, sillberhalsig (K. Wieland, Leichlingen)

Sie gehören wie die Goldhalsigen zu den seltensten Farbenschlägen der Deutschen Wyandotten.

Grobe Fehler:
Beim Hahn: Gelber Anflug; Braun in Rücken, Schultern und Flügeldecken; Zeichnung in Brust und Schenkeln; helles Aftergefieder; durch weiße Federkiele unterbrochene, fehlende oder durchstoßende Schaftstrichzeichnung; unreines Flügeldreieck; Schilf. *Bei der Henne:* Zu helle Grundfarbe, durch weiße Federkiele unterbrochene Schaftstrichzeichnung; zu grobe oder bänderungsartige Rieselung; starke, silbrige Federsäumung; stark hell abgesetzte oder lachsfarbige Brust; Rost im Gefieder; Schilf.

Silberfarbig-Gebändert

(ehemals Dunkel)

Hahn: Hals- und Sattelbehang silberweiß mit schwarzem, unterbrochenem Schaftstrich; Rücken und Schultern silberweiß; größere Flügeldecken (Binde) schwarz mit schmaler, weißer Säumung; Hand- und Armschwingen Innenfahne schwarz, äußerer Rand bzw. Außenfahne weiß, das Flügeldreieck bildend; Kehle, Brust, Bauch, Schenkel und Schwanz schwarz, an Brust, Bauch und Schenkel jede Feder schwach weiß gesäumt.

Grobe Fehler:
Beim Hahn: Stark gelber Ton, braune Töne in den Decken, nicht unterbrochener oder durchstoßender Schaftstrich in den Behängen, reinschwarz in Brust, Bauch und Schenkeln; *bei der Henne:* Braune Töne, fehlende oder verschwommene Zeichnung, fehlender oder nicht sauber gezeichneter Schaftstrich.

0,1 Deutsche Wyandotten, silberfarbig-gebändert (J. Ruppel, Frankfurt)

Henne: Kopf weiß bis silbergrau; Hals silberweiß mit mehrfacher schwarzer Zeichnung, ähnlich der des Rumpfes, und durchgehendem Schaftstrich; Brust, Rücken und Seiten silbergrau bis stahlgrau mit mehrfacher, schwarzer, der Federform folgender Zeichnung; Schenkel gut durchgezeichnet; Federkiele nicht weiß; Schwingen innen schwarz, außen grau mit schwarzen Bändern; Schwanz schwarz, die zwei großen Schwanzdeckfedern am Rand gezeichnet; Untergefieder dunkelschieferfarbig.

Die silberfarbig-gebänderten Wyandotten wurden in den USA erzüchtet und dort 1902 anerkannt. Silber-schwarzgesäumte und rebhuhnfarbig-gebänderte Wyandotten sowie dunkle Brahma und Hamburger Silbersprenkel sollen zu ihrer Erzüchtung beigetragen haben. In England und Deutschland folgte dann eine wesentliche Verbesserung der Zucht.

Vor und nach dem Ersten Weltkrieg erreichte dieser Farbenschlag einen hohen Zuchtstand. Bei den Großschauen wurden bis zu 60 Tiere in bester Qualität gezeigt. Die Feinheiten in der Farbe und Zeichnung, wie sie die damalige Musterbeschreibung für beide Geschlechter verlangte, konnten ebenfalls nur durch die Zweistammzucht erreicht werden. Nach deren Aufhebung entstanden die heutigen Farbenschläge der

Silberhalsigen (ehemalige Hahnenzuchtlinie) und Silberfarbig-Gebänderten (ehemalige Hennenzuchtlinie). Für Letztere gilt bis auf den Farbunterschied, was bereits bei den rebhuhnfarbig-gebänderten Wyandotten erwähnt wurde. Der Hahn ist im Hals- und Sattelbehang silberweiß mit unterbrochenem schwarzem Schaftstrich, Brust, Bauch, Schenkel und Schwanz schwarz, wobei die Federn an Brust, Bauch und Schenkeln leicht weiß gesäumt sind.

Die Grundfarbe der Henne wird silbergrau bis stahlgrau gewünscht, mit mehrfacher, schwarzer, der Federform folgender Zeichnung. Eine schöne, scharf abgegrenzte Zeichnung der Henne kann nur mit einem Hahn erzielt werden, dessen weibliche Vorfahren diese Forderung erfüllt haben.

Bei führenden Schauen wurden Silberfarbig-Gebänderte in den vergangenen Jahrzehnten eher selten gezeigt. Trotzdem gehören sie zu den Farbenschlägen mit mittlerer Häufigkeit.

Weiß-Schwarzcolumbia
(ehemals Hell)

Farbe: Hahn und Henne fast übereinstimmend gezeichnet. Kopf reinsilberweiß; Halsbehang mit breitem, tiefschwarzem, grün glänzendem Schaftstrich mit silberweißem Saum. Die Zeichnung hoch hinauf reichend (mindestens Dreiviertel des Halsbehanges) und sich am Vorderhals schließend und so den Kragenschluss bildend. Die Federn des Oberrückens unter dem Halsbehang zeigen schwarze Tropfenzeichnung. Sattelbehang des Hahnes möglichst ohne schwarze Schaftstriche, jedoch bei besonders dunklem Halsbehang Andeutung von Zeichnung gestattet; der Sattel der Henne immer reinweiß. Der Schwanz des Hahnes reinschwarz mit grünem Glanz, kleine Sichelfedern des Hahnes und die Schwanzdeckfedern der Henne weiß gesäumt, in den Hauptsicheln des Hahnes und den großen Schwanzdeckfedern der Henne weiße Säumung gestattet. Handschwingen schwarz mit weißem Außenrand. Armschwingen innen schwarz, außen weiß, sodass der zusammengelegte Flügel weiß erscheint. Das übrige Gefieder reinsilberweiß. Untergefieder grau.

Auch dieser Farbenschlag ist in den USA entstanden. Die ersten Tiere fielen zufällig aus der Verpaarung von weißen Wyandotten und (damals noch) gesperberten Plymouth Rocks an. Die Anerken-

1,0 Deutsche Wyandotten, weiß-schwarzcolumbia (hell) (F.-J. Behlert, Gladbeck)

0,1 Deutsche Wyandotten, weiß-schwarzcolumbia (hell) (F.-J. Behlert, Gladbeck)

Grobe Fehler:
Beim Hahn: Starkes, *bei der Henne* jegliches Gelb, schwarze Federn im Rücken, viel Weiß im Schwanz junger Hähne, durchstoßende oder schwache, nur punktartige Halszeichnung.

nung im Heimatland erfolgte 1905. Die Hellen waren früher, zur Blütezeit der Rasse in Deutschland, ziemlich stark verbreitet und beliebt. Heute zählen sie zu den seltenen Farbenschlägen.

Nach dem Zweiten Weltkrieg waren es die Zfr. K. Nimmich, Ph. Knickmann, Fr. Steinmeier und Anding, welche die wenigen verbliebenen Tiere sammelten und die Zucht neu aufbauten. Um das Futter für die Tiere aufbringen zu können, waren sie gezwungen, eine konsequente Auslese durchzuführen. So legten sie den Grundstein zur Verbesserung des Typs. Diese Ära hielt bis Ende der Sechzigerjahre des 20. Jahrhunderts an, dann wurde es wieder sehr ruhig um diesen Farbenschlag, teils durch Zuchtaufgabe, teils durch den Tod einiger Zuchtfreunde. Wenig später waren es dann die Zfr. K. Bengen und Th. Holzapfel, die wieder Aufwind brachten. Die Weiß-Schwarzcolumbia gehören zu den selteneren Farbenschlägen.

Gestreift

Farbe: Jede Feder in möglichst gleichmäßigem Wechsel mehrfach schwarz und scharf abgesetzt grauweiß, nicht zu eng quer gestreift. Die Streifen verlaufen geradlinig und beim Hahn in gleicher Breite, in den Behängen leicht sägeförmig; die Henne hat breitere schwarze Streifen und wirkt daher dunkler als der Hahn. Das Federende mit schwarzem Streifen. Untergefieder durchgezeichnet. Bei Hennen dunkler Anflug an Schnabel und Läufen gestattet.

Grobe Fehler:
Verschwommene Zeichnung; Gelb oder Braun in den schwarzen Streifen. Weiß in den Sicheln, mehr als zwei schwarze Schwingen oder mehr als zwei schwarze Steuerfedern, weißes oder aschgraues Untergefieder ohne jede Zeichnung.

Sie hießen ursprünglich „Gesperberte“ und sind eine rein deutsche Züchtung. Schwarze Wyandotten, Dominikaner und (damals noch) gesperberte Plymouth Rocks haben bei der Herauszüchtung Pate gestanden. Nach 1910 nahm ihre Zucht einen größeren Umfang an. Ihre Form ließ zunächst noch viel zu wünschen übrig. Die langen Rücken und Schwänze der eingekreuzten Dominikaner machten den Züchtern anfangs viel zu schaffen. Die Form verbesserte sich ständig; heute kann festgestellt werden, dass die gestreiften Wyandotten höchsten Ansprüchen genügen. Als nach 1910 die Plymouth Rocks mit der neuartigen Streifenzeichnung erschienen, wurde diese Zeichnung auch von den Züchtern der gesperberten Wyandotten angestrebt. Die

0,1 Deutsche Wyandotten, gestreift (H. Lefeld, Gütersloh)

Streifung im Verhältnis 1:1 wurde erreicht, allerdings nicht in der Schärfe wie bei den Plymouth Rocks, denn dazu eignete sich die weichere und größere Feder der Wyandotten nicht.

Am 20. Juli 1913 wurde in der Gaststätte „Nassauer Hof" in Frankfurt/M. der spätere Sonderverein der Züchter des gestreiften Wyandottenhuhnes gegründet. Den Vorsitz übernahm H. Ellerkmann aus Mülheim a. d. Ruhr/Speldorf. Ihm kommt wohl auch das größte Verdienst um die Erzüchtung, Verfeinerung und Verbreitung der gestreiften Wyandotten zu.

Besondere Verdienste um den Farbenschlag haben sich außerdem die leider zu früh verstorbenen Zuchtfreunde Joachim Müller, Heinrich Straßburger sen., Günter Seidel und Karl Schmidt erworben. Es diesen Züchtern gleichzutun ist das Ziel des SV mit dem derzeitigen Vorsitzenden Heinrich Lefeld, Gütersloh. Dem SV ist es gelungen, nun auch jüngere Zuchtfreunde für diesen Farbenschlag zu begeistern.

Erfreulich ist, dass die Beschickungszahlen der großen Schauen nicht wie bei anderen Großrassen rückläufig sind, sondern eher steigen.

Kleine Wünsche gibt es noch bei den Kämmen. Sie sollen, besonders bei den Hähnen, nicht so grob und ohne Mulde sein. Ein der Nackenlinie folgender, nicht zu kurzer Dorn bei den Hähnen verhindert schließlich den fehlerhaften Steckdorn bei den nachgezüchteten Hennen. Bei den Ausstellungen der letzten Jahre war außerdem festzustellen, dass besonders einem Teil der Hähne der notwendige volle und abgerundete Schwanzabschluss fehlt. Voraussetzung hierfür ist zum einen eine breite

1,0 Deutsche Wyandotten, gestreift (H. Lefeld, Gütersloh)

und feste, waagerecht angeordnete Steuerfeder und zum anderen eine volle Besichelung mit einer nicht zu schmalen Feder. Der etwas offene Schwanz dürfte ein Ergebnis der in den letzten Jahrzehnten vereinzelt vorgenommenen Einkreuzungen sein, denn der Abschluss erinnert z. T. sehr stark an Amrocks. Solche Einkreuzungen, die eine Erhöhung von Vitalität und Leistungsfähigkeit erwarten lassen, sind sicherlich in bestimmten Fällen (wenn Lebenskraft und Reproduktionsfähigkeit bedrohlich zurückgehen) erforderlich, sollten jedoch nur von qualifizierten Züchtern und mit großer Sorgfalt vorgenommen werden. Aus der Verpaarung zweier Rassen können sonst durch die Kombination verschiedener Erbanlagen in der Nachzucht plötzlich Fehler auftreten, die bei den Eltern längst als überwunden galten.

Größeres Augenmerk muss wieder auf die Köpfe gelegt werden. Sieht man doch in letzter Zeit oft, besonders bei den Hennen, zu lange und spitze Köpfe. Das passt nicht zum Wyandottenhuhn. Die gefürchtete Gefiederbremse wurde glücklicherweise zurückgedrängt. Vereinzelt zeigen Tiere, besonders Hennen, eine zur Mitte aufstrebende Halsfeder. Dem sollte rechtzeitig züchterisch entgegengewirkt werden.

Die Gestreiften nehmen in der Häufigkeitsskala der Wyandotten einen mittleren Platz ein.

Braun-Porzellanfarbig
(ehemals Bunt)

Hahn: Kastanienbraune Hauptfarbe, möglichst jede Feder am Ende mit einem schwarzen, grün glänzenden Tupfen gezeichnet, worin eine weiße Perle steht. Schwingen braun mit schwarzer Innenfahne und weißer Spitze. Steuerfedern und Sicheln schwarz mit weißen Spitzen. Etwas Weiß in den Schwingen und Steuerfedern gestattet.

Henne: Die Farbe ist im Ton etwas heller, sonst mit gleicher Zeichnungsanlage.

Grobe Fehler:
Zu helle, fahle Grundfarbe, zu grobe Perlzeichnung bei Jungtieren, fehlendes Braun in der Brust der Hähne, schwarze Brust bei Hennen, messingfarbige Behänge, viel schwarze Pfefferung im Mantelgefieder, viele ganz weiße Federn im Körpergefieder, größtenteils weiße Schwingen und Schwanzfedern, auch bei alten Tieren.

Während es die große Familie der Wyandottenfarbenschläge im Heimatland USA zwischen 1883 (Silber-Schwarzgesäumt) und 1977 (Blau) bislang erst auf neun anerkannte Varianten gebracht hat, kennt man in Deutschland sogar 19 Spielarten, wovon die Braun-Porzellanfarbigen stets zu den seltensten und schwierigsten zählten. Offensichtlich so selten und schwierig, dass sie etwa Mitte der Dreißigerjahre des vorigen Jahrhunderts restlos verschwanden und erst Ende der Siebzigerjahre durch die Initiative eines einzelnen Liebhabers neu entstehen konnten. Ver-

1,0 Deutsche Wyandotten, braunporzellanfarbig (H. Lehfeld, Gütersloh)

0,1 Deutsche Wyandotten, braun-porzellanfarbig (K. Staufenberg, Neuenstein)

bürgt ist ein letztmaliges Auftreten bei der Landesschau Thüringen 1935 in Arnstadt, sodass der neue Herauszüchter Kurt Staufenberg, Neuenstein-Raboldshausen in der Nähe von Bad Hersfeld, völlig neu beginnen musste. Dabei stützte sich der Vorsitzende des zwischenzeitlich gegründeten SV d.Z. seltenfarbiger Wyandotten, der neben Braun-Porzellanfarbig auch die Raritäten Rot, Gelb, Blau, Schwarz-Weißgescheckt sowie Silber- und Goldhalsig betreut, auf gold-blaugesäumte Wyandotten und natürlich braun-porzellanfarbige (ehemals bunte) Sussex als Ausgangstiere.

Das Farbenspiel der braun-porzellanfarbigen Sussex bleibt auch das Vorbild für diese Variante der Wyandottenzucht. D.h., anzustreben ist eine kastanienbraune Grundfarbe, abzulehnen jede Tendenz zur Aufhellung bis hin zur goldbraunen Hauptfärbung der vom Zeichnungsbild her natürlich nahe verwandten Porzellanfarbe. In Grundfarben- und Zeichnungsintensität – Idealform ist die Markierung möglichst jeder Feder des Mantelgefieders mit einem grün glänzend schwarzen Tupfen, der wiederum von einer eingelagerten weißen Perle geadelt wird – wurden in den letzten Jahren deutliche Fortschritte erkennbar, und auch die Zuchtbasis konnte vergrößert werden.

Insbesondere aber leidet die zügige Weiterentwicklung von Körpervolumen und sonstigen Formattributen unter der immer noch geringen Verbreitung. Weiterhin wirkt das Gros der Tiere zu klein, schmal und vor allem zu spitz im Abschluss, um die typische, behäbige Eleganz ausstrahlende Wyandottenform mit allseits runder Linienführung verkörpern zu können. Aber immerhin: Nach Jahrzehnten völliger Vergessenheit ist ein erfreulicher Neuanfang gemacht.

Braun-Porzellanfarbige Deutsche Wyandotten gehören zu den seltensten Farbenschlägen.

Rot

Hahn: Gleichmäßiges, sattes, glanzreiches Rot, Schwingen rot oder rot mit schwarzem Längsstrich am Kiel. Schwarz im Schwanz sowie schwarze Spritzer in den unteren Halsbehangfedern gestattet. Untergefieder rot, je satter, desto besser, Federkiele rötlich hornfarbig.

Henne: Die Farbe etwas matter im Rot, sonst dem Hahn entsprechend. Läufe mit braunen Schuppen oder roten Streifen gestattet.

Grobe Fehler:
Matte, glanzlose Farbe, Weiß im Untergefieder, gelblich rote Halsfarbe.

Anfang der Zwanzigerjahre des letzten Jahrhunderts sind die roten Wyandotten erstmals von dem bekannten Züchter gold-schwarzgesäumter Wyandotten, dem Preisrichter Julius Große, Katschenbroda, anlässlich einer großen Dresdener Geflügelschau ausgestellt worden. Bereits wenige Jahre später konnte dann ein

1,0 Deutsche Wyandotten, rot (K.Wieland, Leichlingen)

0,1 Deutsche Wyandotten, rot (K. Wieland, Leichlingen)

roter Hahn gezeigt werden, der vorbildlich für seine Rasse und seinen Farbenschlag war. Da zu dieser Zeit ebenso rosenkämmige Rhodeländer gezüchtet wurden, kann davon ausgegangen werden, dass Rhodeländer mit eher rundem, kurzem Körperbau für die Erzüchtung eingesetzt wurden. Im Laufe des Zweiten Weltkrieges bzw. mit dem Neuanfang nach dem Krieg wurden die rosenkämmigen Rhodeländer (vorübergehend) im Bereich des BDRG aberkannt und auch die roten Wyandotten waren in der neuen Musterbeschreibung nicht mehr enthalten. Doch in der ehemaligen DDR wurde dieser Farbenschlag weiter gezüchtet. In den Jahren 1987/88 wurden in Leipzig wieder rote Wyandotten gezeigt.

Im Jahre 1985 haben die Zuchtfreunde Horst Ilgen aus Gevelsberg und Karsten Wieland aus Leichlingen sich der Roten angenommen. Horst Ilgen versuchte die erneute Herauszüchtung über Zwerge und Karsten Wieland mit Tieren aus der damaligen DDR. Erstmals wieder zur Anerkennung vorgestellt wurden die Roten zur Nationalen Rassegeflügelschau 1989 in Nürnberg.

Nachdem im gleichen Jahr die Mauer fiel, wurde das Vorstellungsverfahren hinfällig, da die Roten ja im Bereich des VKSK bereits anerkannt waren. Durch den Zusammenschluss der Züchtervereinigungen seltener Wyandotten mit dem Sonderverein d.Z. seltenfarbiger Wyandotten konnte die Zucht weiter ausgebaut werden. Im Jahr 1993 stellten die Zfr. Horst Ilgen, Karsten Wieland, Heinz Salomon, Stapel, Wolfgang Dubra und Dietmar Walter (beide Niederaula) rote Wyandotten aus. Diese kleine Züchterschar könnte noch einige weitere Mitzüchter gebrauchen, um diesem Farbenschlag einen festen Platz in der Reihe der Wyandotten auf Jahre zu sichern. Denn noch ist die Zuchtbasis sehr klein. Die Roten zählen nach wie vor zu den seltenen Farbenschlägen.

Schwarz-Weißgescheckt

Grundfarbe grün glänzend schwarz. Die Zeichnung der einzelnen Federn besteht aus einem v-fömigen, reinweißen Fleck (Tupfen) an der Spitze. *Bei der Henne* möglichst verteilte Zeichnung. *Beim Hahn* und bei Jungtieren ist das Schwarz vorherrschend. Mit dem Alter wird die weiße Zeichnung stärker.

Dieser Farbenschlag wurde erst im Mai 1994 anerkannt. Zuchtfreund Dr. Manfred Golze aus Taucha bei Leipzig hat ihn erzüchtet und auch zur Anerkennung gebracht. Ausgangstiere waren ein schwarz

1,0 Deutsche Wyandotten, schwarz-weißgescheckt (Dr. M. Golze, Taucha)

dominierter, braun-porzellanfarbiger (bunter) Wyandottenhahn und schwarze Wyandottenhennen. Der bunte Hahn vererbte die Scheckenzeichnung auf die Nachzucht, doch der Buntton im Weiß machte noch große Sorgen. 1989 fielen dann die ersten brauchbaren Tiere. Es waren hauptsächlich Hennen, da bei den Hähnen das Braun im Schmuckgefieder noch etwas zu sehen war. In den Folgejahren konnten aber auch diese Schwierigkeiten überwunden werden, und die Anerkennung erfolgte. Noch ist der Farbenschlag sehr selten.

Grobe Fehler:
Rostiges und mattes Schwarz. Beim Hahn stark weiße Schwingen, Steuerfedern und Sicheln. Bei der Henne sehr grobe oder zu wenig Zeichnung.

Gelb-Schwarzcolumbia

Hahn und *Henne* fast übereinstimmend gezeichnet. Kopf reingelb. Halsbehang mit breitem, tief schwarzem, grün glänzendem Schaftstrich und gelbem Saum. Die Federn des Oberrückens zeigen schwarze Tropfenzeichnung, die vom Halsgefieder überdeckt wird. Sattel des Hahnes mit angedeuteter Zeichnung. Sattel der Henne reingelb. Schwanz schwarz, kleine Sichelfedern des Hahnes und Schwanzdeckfedern der Henne gelb gesäumt.

Grobe Fehler:
Stark rötliche Oberfarbe (leicht rötlicher Ton auf den Flügeldecken der Hähne gestattet), jegliches Schwarz an nicht dafür vorgesehenen Stellen, starker Schilf.

1,0 Deutsche Wyandotten, gelb-schwarzcolumbia (K. Bengen, Ochtersum)

In den Hauptsicheln des Hahnes und den großen Schwanzdeckfedern der Henne gelbe Säumung gestattet. Armschwingen schwarz mit gelber Außenfahne, sodass der Flügel geschlossen gelb erscheint. Handschwingen schwarz mit gelbem Außenrand. Übriges Gefieder reingelb. Untergefieder grau.

Lauf- und Schnabelfarbe gelb.

0,1 Deutsche Wyandotten, gelb-schwarzcolumbia (K. Bengen, Ochtersum)

Zuchtfreund Karl Bengen aus Ochtersum brachte die ersten Tiere bei der Nationalen Rassegeflügelschau 1993 in Dortmund zur Vorstellung. Bei den führenden Ausstellungen sind sie jedoch in den letzten Jahren nur spärlich aufgetreten.

Weiß-Blaucolumbia

Dieser jüngste Farbenschlag der Deutschen Wyandotten wurde 2014 anerkannt.

Die Grundfarbe und Zeichnung entsprechen denen des Farbenschlages Weiß-Schwarzcolumbia. Siehe auch die Fotos auf S. 90 und 91 dieses Farbenschlages bei den Deutschen Zwerg-Wyandotten.

Grobe Fehler:
Stark gelber Anflug, Grünlack in der Zeichnungsfarbe; Zeichnungsfehler wie beim Farbenschlag Weiß-Schwarzcolumbia.

Deutsche Zwerg-Wyandotten

Herkunft und Entwicklung

Ihre ruhige und elegante Behäbigkeit, ihre gefällige Form, ihre runden, fließenden Linien und nicht zuletzt ihre ausgesprochene Wirtschaftlichkeit sorgten dafür, dass die Wyandotten schon sehr bald nach ihrer Einfuhr in Europa zu einer der häufigsten und am stärksten verbreiteten Hühnerrassen avancierten. Was lag also näher, als die Verzwergung der Rasse in Angriff zu nehmen. Begonnen hat man damit in England. Als erster Farbenschlag entstanden dort zu Beginn des 20. Jahrhunderts die Rebhuhnfarbigen (heute Rebhuhnfarbig-Gebändert), mit deren Hilfe kurz darauf auch die Weißen herausgezüchtet wurden. In Deutschland trat die Rasse erstmals 1906 in Erscheinung, als der Frankfurter Züchter K. Huth die Rebhuhnfarbig-Gebänderten aus England importierte. 1909 folgten die Schwarzen und 1910 begann Zfr. Richard Günter, Leipzig, mit der Herauszüchtung der Gestreiften. Bald darauf folgten weitere Farbenschläge, sodass bei der 1. Nationalen Zwerghuhnschau 1920 in Berlin 62 Weiße, 37 Rebhuhnfarbig-Gebänderte, 34 Gestreifte, je 17 Schwarze und Silberfarbig-Gebänderte, 15 Goldfarbene (heute Gold-Schwarzgesäumte), 11 Weiß-Columbiafarbene (heute Weiß-Schwarzcolumbia), 2 Rote und je 1 silber-schwarzgesäumtes und gelbes Tier standen. Diese 197 Nummern machten ein Fünftel aller ausgestellten Tiere aus. In den 20er- und 30er-Jahren des 20. Jahrhunderts kamen weitere Farbenschläge hinzu. Leider ging vieles davon durch den Zweiten Weltkrieg und seine Nachwirkungen bis auf geringfügige Reste verloren; und dennoch standen bei der Nationalen 1956 wieder 790 Zwerg-Wyandotten in 13 Farbenschlägen in größ-

Junghähne der Deutschen Wyandotten, schwarz-weiß gescheckt, bei Erzüchtung des Farbenschlags durch Dr. Manfred Golze.

tenteils hervorragender Qualität und Kondition. 790 Zwerg-Wyandotten – etwa ein Drittel aller gezeigten Zwerghühner – das bedeutete mit Abstand die bis dato größte Beschickungszahl einer Zwerghuhnrasse bei einer deutschen Ausstellung. Heute sind 28 anerkannte Farbenschläge anerkannt, von denen die meisten in Deutschland erzüchtet wurden.

Standard der Deutschen Zwerg-Wyandotten

Herkunft

Einige Farbenschläge in England und Holland, die meisten in Deutschland erzüchtet.

Gesamteindruck

Harmonisch abgerundete Formen und fließende Linien bei gestrecktem, kräftigem Körperbau, mittelhoher, breiter Stellung und waagerechter Körperhaltung. Das Schwanzende möglichst bis in Augenhöhe ansteigend.

Rassemerkmale

Hahn:

Rumpf: Breit, voll, überall gut gerundet, im Körper länger als hoch, waagerechte Haltung.

Hals: Kaum mittellang, mit vollem Behang.

Rücken: Breit, nicht zu kurz, sodass zwischen Halsbehang und Sattelbehang ein deutlich sichtbarer Abstand bleibt. Die Rückenlinie verläuft gleichmäßig hohlrund ohne Winkel vom Halsbehang zum ansteigenden Sattel.

Schultern: Breit, gut gewölbt.

Flügel: Gut geschlossen, gewölbt, gut anliegend, bei waagerechter Haltung die Spitzen vom Sattelbehang verdeckt.

Sattel: So breit wie die Schultern, aus der hohlrunden Rückenlinie ansteigend und ohne Absatz in den Schwanz übergehend.

Schwanz: Kurz, voll und breit, aus dem Sattel ohne abzusetzen möglichst bis in Augenhöhe ansteigend. Die Anordnung der Steuerfedern bildet von hinten gesehen ein Hufeisen, das mit flaumreichen, von unten nach oben zeigenden Stützfedern ausgefüllt ist. Reichliche, gut gebogene, weiche Deck- und Sichelfedern decken die Steuerfedern ab.

Brust: Breit, voll, gut gewölbt, im Seitenprofil eine gleichmäßig abgerundete Vorderlinie von der Kehle bis zum Bauch bildend.

Bauch: Breit, voll, im Seitenprofil die abgerundete Vorderlinie fortführend.

Kopf: Breit, gut gerundet, nicht zu groß.

Gesicht: Fein im Gewebe, federfrei, rot.

Kamm: Kleiner, fein geperlter Rosenkamm, fest und gleichmäßig aufsitzend, vorne breit und gut gefüllt, sich nach hinten verjüngend mit einem runden, mäßig langen Dorn, der der Nackenlinie folgt.

Kehllappen: Mittellang, gut gerundet, fein im Gewebe.

Ohrlappen: Klein, rot.

Augen: Rot, orangefarbig gestattet.

Schnabel: Kurz, kräftig, gelb, je nach Farbenschlag mehr oder weniger breiter, hornfarbiger Schnabelfirst gestattet.

Schenkel: Mittellang, gut sichtbar, Gefieder fest anliegend.

Läufe: Mittellang, kräftig, breit im Stand, möglichst intensiv gelb.

Zehen: Mittellang.

*Gefieder: V*oll, flaumreich, jede Feder breit und möglichst rund. Die Zeichnung der gesäumten Farbenschläge bedingt eine etwas härtere Feder.

Henne:

Im Vergleich zum Hahn erscheint der Rücken etwas länger. Der nicht zu kurze Schwanz soll von der gut ausgerundeten

Rückenlinie ohne abzusetzen über den Sattel bis zum Ende ansteigen. Die etwas sichtbaren Steuerfedern bilden von hinten betrachtet ein Hufeisen, das mit flaumreichen, von unten nach oben zeigenden Stützfedern ausgefüllt ist. Der obere Schwanzabschluss ist durch das Schwanzdeckgefieder etwas abgerundet, aber keinesfalls kugelförmig. Die Kopfpunkte sind zarter als beim Hahn.

Grobe Fehler:
Kurzer oder schmaler Körper; kugelförmige oder abkippende Schwanzpartie; gerade Rückenlinie; zu kurzer oder zu langer Rücken; zu flache oder stark disharmonierende Unterlinie; abfallende Körperhaltung; sehr hoher oder zu tiefer Stand; Hängeflügel; Weiß in den Ohrlappen; offene Kammfront; stark abstehender Kammdorn; zu weiches, zu schmales oder zu bauschiges Gefieder.

Gewichte: Hahn 1600 g, Henne 1200 g.
Bruteier-Mindestgewicht: 40 g.
Schalenfarbe der Eier: Hellbraun bis cremefarbig.
Ringgröße: Hahn 15, Henne 13.

Form und Kopfpunkte

Deutsche Zwerg-Wyandotten sind Zwerghühner und müssen auch als solche wirken. Es ist ein Irrtum, anzunehmen, dass die Zwergform lediglich die maßstabgetreue Verkleinerung der Großrasse darstellt. Man kann grundsätzlich nicht die Maße der Großrasse proportional auf die Zwerge übertragen. Großrasse und Zwerg sehen sich nur in der Form ähnlich; sie decken sich aber nicht. Man kann eine Form nicht beliebig verkleinern oder vergrößern, ohne die Wirkung zu ändern. Zugrunde liegt ihnen die gleiche Zuchtidee. Ein Zwerg mit dem behäbigen Wyandotten-Typ erscheint eben kürzer und gedrungener, wenn er wirklich ein Zwerg ist. Die Kunst in der Zucht der Deutschen Zwerg-Wyandotten ist es, den Begriff der „behäbigen Eleganz“ ins Zwergenhafte zu übertragen, d. h. dem Wert des Begriffes Eleganz am Tier noch mehr Ausdruck zu verleihen, das Behäbige aber nur noch andeutungsweise in der entsprechend breiten Beinstellung und der von den Flügeldecken bis zum Ende der Steuerfedern gleich bleibenden Rumpfbreite sichtbar werden zu lassen.

Die Musterbeschreibung verlangt bei Hähnen ein Gewicht von 1600 g, bei den Hennen ein solches von 1200 g. Diese Angaben müssen als Höchstwerte gelten, sollten aber auch nicht merklich unterschritten werden. Das Brutei-Mindestgewicht liegt bei 40 g. Der Hahn hat die Ringgröße 15, die Henne 13. Deutsche Zwerg-Wyandotten sollen auch über gute wirtschaftliche Eigenschaften verfügen und ein Nutzhuhn benötigt eine gewisse Mindestgröße, soll die Leistungsfähigkeit nicht entscheidend beeinträchtigt werden. Wesentlich ist – bei richtigem Gewicht – der fein proportionierte Zwerghuhntyp. Deshalb ist auch allgemein auf einen zarten Knochenbau zu achten, der vor allem in den Läufen und der Kopfform in Erscheinung tritt.

Der Rumpf ist breit, voll und überall gut gerundet; die Rundung im Rücken zwischen Halsbehang und Sattel misst etwa 2–3 cm, der Rücken, breit und nicht zu kurz, steigt in sanftem Bogen durch den Sattel zum Schwanz auf. Die Körperbreite gehört zu einem typischen Hahn wie die wohlgerundete Brust und wird durch den etwas breiteren Stand der mittellangen Beine unterstützt. Die Sattelbreite sollte mit der Schulterbreite identisch sein. Bei der Henne erscheint der Rücken im Vergleich zum Hahn länger. Der Sattel ist so

Stamm Zwerg-Wyandotten, gold-weiß gesäumt, (H. Valdor, Wetzlar)

breit wie die Schultern. Dabei sollte beachtet werden, dass das Kissen keinen Winkel zwischen Rücken und Schwanz aufweist.

Die Körperhaltung typischer Deutscher Zwerg-Wyandotten ist immer waagerecht, d.h., die Körperpartie vor und hinter den Läufen muss gut ausbalanciert sein. Der Züchter nennt dies: „Gut in der Waage stehen". Eine leicht nach vorn geneigte Stellung ist kein Fehler; im Gegenteil. Dadurch kommt die gewünschte Steigung der Rückenlinie noch besser zur Geltung. Eine starke Körperneigung nach vorn ist nicht erwünscht, eine Neigung nach hinten fehlerhaft. Der Bauch ist, besonders bei der Henne, gut ausgeprägt.

Die Linien des Körpers sind wohlgerundet; die Schenkel, gut sichtbar heraustretend und ein wenig hinter der Körpermitte angesetzt, unterstützen den richtigen Stand, die Körperhaltung und die Ausgewogenheit der Linie vor und hinter den Beinen. Die Unterlinie sollte auf keinen Fall durch zu langes und loses Schenkel- und Aftergefieder gestört werden.

Zur harmonischen Linienführung der vollendeten Wyandotten-Form gehört eine breite, volle, von der Kehle bis zum Bauch schön gerundete und nicht zu hoch getragene Brustpartie. Bei zu flacher Brust wirken die Tiere dreieckig, bei zu tiefer ausgesprochen orpingtonhaft. Beides ist abzulehnen. Eine volle, schöne gewölbte Brust, eine volle und breite Bauchpartie und mittelhoher Stand bilden die typische Wyandotten-Unterlinie.

Der kräftige, kaum mittellange Hals weist einen vollen Behang auf und geht in einem nicht zu engen, eleganten Bogen in die in einem Winkel von etwa 45 Grad ansteigende Rücken-Schwanz-Linie über. Sie sollte wie mit dem Lineal gezogen erscheinen, nicht aber nach unten ausgehöhlt oder nach oben vorgewölbt sein (hohler Rücken, Vorpolster).

Die bei der Henne nur wenig sichtbaren Steuerfedern bilden, von hinten betrachtet, eine mit Flaumfedern gefüllte Hufeisenform. Beim Hahn sind die Steuerfedern von vielen weichen, gut gebogenen, nicht über mittellangen Deck- und Sichelfedern eingehüllt. Der Schwanz soll breit angesetzt sein, der höchste Punkt der Rundung sollte bei waagerechter Haltung zwischen Augen- und Scheitelhöhe liegen. Kippt die Schwanzspitze nach unten weg, hat man es mit einem rasseuntypischen Merkmal zu tun, der sogenannten Cochin-Kruppe, die als Fehler gilt.

Beiderseits werden mindestens sechs Steuerfedern verlangt. Sie bestimmen Länge, Form und Breite des Schwanzes, der bei den Deutschen Zwerg-Wyandotten kurz und voll ist. Wenn sie auch durch den vollen Sichelbehang bzw. durch die Deckfedern gut eingehüllt werden, sollten sie weder zu kurz noch zu weich sein. Die Hinterpartie soll deshalb entsprechend breit sein; die Steuerfedern dürfen nicht zu spitz und geschlossen, doch auch nicht ausgesprochen fächerartig getragen werden. Der Schwanz der Henne ist halblang, glatt ansteigend und soll nicht zu locker getragen werden.

Alle diese Rundungen und eleganten Bögen der Deutschen Zwerg-Wyandotten geben der Formulierung Berechtigung: „Zwerg-Wyandotten sollen wie gedrechselt sein.“ Das heißt: überall fließende Linien ohne Ecken und Kanten.

Gleiches ist vom Federwerk zu sagen. Die allseitigen Rundungen und feinen Bögen werden durch ein entsprechend volles, aber nicht bauschiges Gefieder erreicht. Vom Schaft her soll die Feder flaumig, im Mantelgefieder jedoch straff und glatt sein.

Wichtig ist eine vorschriftsmäßige Flügelhaltung. Die Flügel sind fest geschlossen und sollen waagerecht getragen werden. Die Flügelspitzen liegen verdeckt unter dem Sattelbehang. Bantam- oder Hängeflügel sind glücklicherweise weitgehend verschwunden. Wo sie dennoch auftreten, würde Rücksicht nur schaden. Bei stark erregten Hähnen kann es jedoch vorkommen, dass die Flügel nicht immer waagerecht und am Körper angelegt getragen werden.

Zur Stellung ist zu sagen, dass die anliegend befiederten Schenkel etwas zu sehen sein müssen; es muss Schenkelfreiheit herrschen. Im Schenkelpolster versteckte Schenkel – meist eine Folge von zu weicher Feder oder zu tiefer Stellung – sind verpönt. Natürlich darf auch eine zu hohe, langschanähnliche Stellung nicht angestrebt werden. Dadurch würde die harmonische Linienführung gestört. Weiterhin ist auf eine genügend breite Beinstellung zu achten. In Schaustellung dürfen die Läufe nicht senkrecht zur Grundfläche stehen, sondern müssen im Fersengelenk leicht nach hinten einknicken.

Auch die Kopfpunkte, die bei der Henne zarter ausgebildet sind, müssen sich harmonisch in die gewünschte Linienführung einfügen. Der kurze und breite Kopf ist gut gewölbt und sollte nicht zu groß sein. Der Rosenkamm ist klein, fein geperlt und sitzt fest und gleichmäßig auf. Der Kamm ist vorn breit, gut gefüllt und verjüngt sich nach hinten. Große, schwere, grob geperlte, teils sogar muldige, schwammige oder blanke Kämme sind abzulehnen. Der Kammdorn folgt dem Nacken. Man achte auch bei den Hennen auf Kammfehler, auch wenn sie weniger deutlich sichtbar sind. Die Kehllappen aus feinem Gewebe sind bei den Zwerg-Wyandotten mittellang und gut gerundet; die Ohrlappen klein und rot. Weiß gefärbte Ohrlappen gelten als grober Fehler.

Auffällig in dem glatten und federfreien Gesicht sind die orangefarbigen Augen. Eine rote Augenfarbe ist wünschenswert, jedoch nur bei den Farbenschlägen Weiß, Schwarz und Gestreift Bedingung. Der kurze, kräftige Schnabel rundet das positive Bild ab.

Die glatten und kaum mittellangen Läufe sind sattgelb. Grünlich angelaufene oder gar grüne Läufe sind zu verwerfen. Ebenso eine verblasste Beinfarbe, die häufig ihre Ursache in einem ungenügend mit Grün bestandenen Auslauf hat.

Grobe oder zu feinknochige Läufe stören den Gesamteindruck. Eine nicht unwesentliche Voraussetzung für eine vollendete Wyandotten-Form ist trotz der geforderten Kissenbildung eine glatt anliegende, weiche, aber nirgends lose oder lockere Feder. Jede Feder sollte breit und möglichst rund sein. Nur eine solche Feder bringt die gute Form der Zwerge voll zur Geltung. Allerdings ist die Feder der Gesäumten härter; sie muss auch härter sein, damit die Federzeichnung den gestellten Anforderungen entsprechen kann. Eine zu weiche Feder würde die flüssige Linienführung empfindlich stören. Es ist ein Irrtum, zu glauben, mithilfe einer sehr weichen Feder eine volle Sattelpartie mit starker Steigung zu erzielen. Im Gegenteil; man erhält auf diese Weise nur das verpönte Vorpolster.

Zu erwähnen bleibt noch, dass namentlich bei kleinen Schauen immer noch Tiere mit Übergröße, die sogenannten „Doppelponys", zu sehen sind. Die Preisrichter seien daran erinnert, dass der Zuchtstand der Deutschen Zwerg-Wyandotten durchaus eine kritische Beurteilung gestattet und dass weder dem Züchter noch der Zucht mit einer entgegenkommenden Note ein Dienst erwiesen wird. Doppelponys sind keine Zwerge und daher abzulehnen ebenso wie zu kleine Tiere.

Allgemein wäre noch zu erwähnen, dass sich die Deutschen Zwerg-Wyandotten in ihrer eigenen behäbigen Eleganz im Schaukäfig nur dann präsentieren, wenn sie an den Menschen und den Käfig gewöhnt wurden. Das zu erreichen ist bei dieser zutraulichen und anhänglichen Rasse nicht schwer. Das richtige Futter und ein wenig Dressur wirken Wunder.

Abschließend noch einige Hinweise für Zuchtanfänger: Leicht werden die Tiere durch zu intensive Fütterung zu fett, worunter Legeleistung und Befruchtung leiden. Legemehl zur freien Verfügung und etwa 20 g Körnerfutter täglich dürften in der Zucht das richtige Maß pro Tier sein. Die ideale Brutzeit sind die Monate April und Mai. Verläuft die Aufzucht normal, beginnen die Hennen während des fünften Monats mit dem Legen. Dagegen benötigen die Hähne fünf bis sechs Monate, um schaufertig zu werden.

Die Farbenschläge der Deutschen Zwerg-Wyandotten

Weiß

Farbe: Reinweißes, seidig glänzendes Gefieder. Schnabel- und Lauffarbe reingelb.

Grobe Fehler:
Gelber oder stark cremefarbiger Anflug; gräulicher Federrand.

Im Jahre 1905 wurden in England die ersten weißen Zwerg-Wyandotten ausgestellt. E. J. Brown in Scorries hatte sie durch die Kreuzung eines rebhuhnfarbigen (heute rebhuhnfarbig-gebänderten) Zwerg-Wyandotten-Hahnes mit zwei sehr leichten, weißen Wyandottenhennen erzüchtet. Weitere weiße Zwerg-Wyandotten fielen 1906 ebenfalls in England als Zufallsprodukt aus rebhuhnfarbig-gebänderten Zwerg-Wyandotten. Hermann Küchler aus Zuckenhausen bei Leipzig wurde auf die weißen Tiere aufmerksam und erwarb 1910 zwei Sätze Bruteier, aus denen jedoch nur ein Hähnchen schlüpfte. Dieses wurde ein Jahr später mit einer weißen Zwerg-Cochin-Henne verpaart. Aus dieser Verpaarung gingen Tiere hervor, die 1912 in Berlin sowie bei der Nationalen 1913 in Chemnitz und 1914 in Berlin Aufsehen erregten und Anerkennung fanden.

1,0 Deutsche Zwerg-Wyandotten, weiß (W. Wuckelt, Bodelwitz)

Das Einkreuzen weißer Zwerg-Cochin brachte verschiedene erwünschte Merkmale: kürzere Beine, eine tiefe Brust, einen zum Schwanz ansteigenden Rücken, vor allem jedoch die flaumreiche Befiederung.

1917 zeigten die Tiere von Walter Rüst aus Nowawes teilweise schon die typische Zwerg-Wyandotten-Form, doch fehlte es noch immer an der richtigen Federentwicklung und an einer genügenden Körpertiefe.

Rüst kreuzte nochmals weiße Zwerg-Cochin ein. Dadurch hatte er lange mit untypischen Kämmen und befiederten Beinen zu kämpfen. Gründliche Auslese brachte jedoch Erfolg. Heute wird Walter Rüst mit Recht als der Begründer und Former der deutschen Zuchtrichtung der weißen Zwerg-Wyandotten bezeichnet.

Große Schwierigkeiten bereitete nach wie vor die weiße Farbe. Das Erbe der rebhuhnfarbig-gebänderten Zwerg-Wyandotten brachte ständig roten Saum und messingfarbigen Halsbehang bei den Hähnen sowie eine rahmgelbe Befiederung bei allen Tieren.

1924 wurden erstmals silberweiße Tiere zur Schau gestellt, doch zeigte die Form noch viele Mängel. Die Beinstellung war zu tief und die Cochin-Kruppe (Federfülle mit starker Kissenbildung im Rücken) widersprach vollkommen dem Wyandottentyp.

Der Kugeltyp, d.h. tiefe Brust, starke Schenkelpuffer und Kissen mit kurzem Rücken, galt anfangs als ideal. Um der Forderung nach einem wuchtigen, vollen Kugeltyp gerecht zu werden, wurden Orpington eingekreuzt, auch um die damals gewünschte Federfülle zu erhalten. Dadurch wurden die Steuerfedern jedoch schwach und weich und waren kaum noch vom umliegenden Gefieder zu unterscheiden. Bei den Schauen waren Tiere zu sehen, deren Bauch- und Schenkelkissengefieder beinahe auf der Erde lag. Das

0,1 Deutsche Zwerg-Wyandotten, weiß (H. Kampers, Sulingen)

Temperament nahm ab und die Legeleistung wurde vernachlässigt. Viele Züchter gaben in den Jahren nach 1930 die Zucht wieder auf. Die Beschickungszahlen der Ausstellungen nahmen ständig ab.

Die Futtermittelknappheit in der Kriegs- und Nachkriegszeit erzwang schließlich die Rückkehr zur Wirtschaftlichkeit als einem wichtigen Zuchtziel. Die Legeleistung wurde von nun an wieder stärker berücksichtigt. Gleichzeitig wurde die tiefe Beinstellung und der kurze Rücken aufgegeben. Auch verwarf man die übertriebene Federfülle. Doch durfte dabei der Charakter der Wyandotten mit ihrem gemütlich-lebhaften Temperament und ihrer behäbigen Eleganz nicht verloren gehen.

Die Anpassung an die neuen Zielsetzungen wurde in verhältnismäßig kurzer Zeit von nahezu allen namhaften westdeutschen Züchtern erreicht. Damit wurde eine erneute Aufwärtsentwicklung gewährleistet und gleichzeitig der Grundstock für die Wirtschaftlichkeit gelegt.

1948 wurde der Sonderverein der Züchter weißer Zwerg-Wyandotten gegründet, um in gemeinsamer Arbeit die angestrebten Zuchtziele zu erreichen. 1949 erfolgte die Bildung einzelner Bezirke innerhalb des SV. Durch die Gründung des Sondervereins wurden immer mehr Züchter für die weißen Zwerg-Wyandotten gewonnen. Sonderschauen in Hannover, Frankfurt und Würzburg und bei der Nationalen gaben einen Überblick über den Zuchtstand. Die Ausbildung von Sonderrichtern ermöglichte es, eine weitgehend gleichmäßige Bewertung im gesamten Bundesgebiet zu gewährleisten. Bereits in den Fünfzigerjahren des 20. Jahrhunderts wurde es möglich, bei Sonderschauen 100 und mehr Tiere vorzustellen.

Das Jahr 1959 brachte in züchterischer Hinsicht den Durchbruch. In Hannover wurden die Weißen als Beispiel für alle Farbenschläge der Zwerg-Wyandotten herausgestellt. Vorbildlich war die erreichte einheitliche Größe. Auch die Kopfpunkte konnten als zufriedenstellend bezeichnet werden.

1963 standen in Hannover erstmalig 250 weiße Zwerg-Wyandotten in den Käfigen. 1964 führte der damalige 1. Vorsitzende des SV, Friedrich Schmidt aus Langensebold, die erste Bundessonderschau (heute: Deutsche Spezialschau weißer Zwerg-Wyandotten) durch, der ab 1966 in jedem Jahr weitere folgten. Bei der 24. Deutschen Spezialschau 1988 in Rheda-Wiedenbrück wurden 720 Tiere ausgestellt. Ein Rekordergebnis für einen Farbenschlag. Bei der HSS 1990 in Marburg war erstmals der direkte Vergleich mit den Tieren aus den neuen Bundesländern möglich. Bei der Auslegung des Standards gab es keine unterschiedlichen Auflassungen.

Lediglich in Einzelpunkten musste noch eine Annäherung erreicht werden. Die 27. Deutsche Spezialschau der weißen Zwerg-Wyandotten im Jahr 1991 war die erste Schau nach der Vereinigung der Spezialzuchtgemeinschaft und des Sondervereins d. Z. weißer Zwerg-Wyandotten.

80 Jahre nach der Einführung der weißen Zwerg-Wyandotten in Deutschland

werden hohe Ansprüche gerade an diesen Farbenschlag gestellt. Viele gute Zuchten bilden eine breite Basis und erlauben die Konzentration auf die rassetypischen Feinheiten.

Das Gefieder der Tiere soll vollkommen reinweiß ohne jeglichen gelblichen Anflug sein. Die Hähne zeigen in einigen Fällen rote Spritzer in den Federn oder gar rötliche Decken. Fehler, denen entgegenzuwirken ist. Das Schenkelgefieder muss auch nach dem Waschen der Tiere fest anliegen. Dieses Ziel kann heute ohne Putzen züchterisch erreicht werden.

Eine gelbe Lauf- und Schnabelfarbe sind Zierden der weißen Tiere. Allerdings lässt die Farbintensität nach, wenn die Hennen legen. Die Augenfarbe wird rot verlangt.

Die weißen Deutschen Zwerg-Wyandotten repräsentieren in Deutschland nach den Schwarzen den häufigsten Farbenschlag.

Schwarz

Farbe: Grün glänzendes, sattes Schwarz. Untergefiederfarbe beim Hahn zum Grunde hin weiß, bei der Henne dunkel. Lauffarbe sattgelb, bei den Hennen einzelne dunkle Schuppenränder gestattet. Schnabelfarbe gelb, grauer Schnabelfirst gestattet.

Grobe Fehler:
Glanzloses Gefieder; von außen sichtbares Weiß; Blau-, Violett- oder Bronzelack; zu helle, grünliche oder stark grau angelaufene Lauffarbe.

Der Grundstein zur Erzüchtung schwarzer Zwerg-Wyandotten wurde Anfang des vorigen Jahrhunderts gelegt. Nach übereinstimmender alter Fachliteratur wurden die ersten Tiere 1909 in Hannover gezeigt, dann weiter 1913 bei Ausstellungen in

1,0 Deutsche Zwerg-Wyandotten, schwarz (W. Zeuschner, Oerlinghausen)

Potsdam (Züchter Kesch, Treptow), Leipzig (Züchter Töpfer, Jena) sowie 1914 in Berlin (Züchter Lamparter, Reutlingen; Lugge, Buer, und Schäfer, Potsdam).

Zur Herauszüchtung fanden schwarze Tiere der Großrasse, schwarze Zwerg-Cochin, schwarze Bantam und rebhuhnfarbig-gebänderte Zwerg-Wyandotten Verwendung. Durch den Wunsch nach einem dunklen Untergefieder, nicht nur bei den Hennen, sondern auch beim Hahn, wurde die Zucht der „kleinen Schwarzen“ besonders erschwert. Dass diese Forderung der Zuchtpraxis widersprach und genetisch mit einer Einstammzucht nicht zu erreichen war, erkannte man erst später aus den Erfahrungen in der Zucht schwarzer Italiener.

Bis in die 20er-Jahre des vorigen Jahrhunderts entschied man sich für eine Zweistammzucht. Erst die Erkenntnis, dass die Einstammzucht nur unter der Voraussetzung des weißen Untergefieders beim Hahn möglich ist, brachte den durchschlagenden Erfolg und machte die schwarzen Zwerg-Wyandotten zu einem der beliebtesten und verbreitetsten Farbenschläge in der großen Familie der Deutschen Zwerg-Wyandotten. Heute zählen sie zu den häufigsten Farbenschlägen.

In früherer Zeit war ihre Verbreitung weniger überwältigend. Bei der 1. Nationalen Zwerghuhnschau 1920 in Berlin standen neben 62 Weißen und anderen Farbenschlägen 17 Schwarze. Ihr Aufstieg begann bereits ein Jahr später. 10 Jahre danach wandelte sich ihr Typ. Heute sind sie in ihrer Gesamtheit in hervorragender Ausgeglichenheit vorhanden. Ein ähnlich hoher Zustand wurde schon einmal zwischen den beiden Weltkriegen erreicht.

0,1 Deutsche Zwerg-Wyandotten, schwarz (E. und F. Kucharski, Rüsselsheim)

Das tiefgrün glänzende Schwarz ist in den meisten Zuchten fest verankert und bereitet heute kaum noch Schwierigkeiten. Bräunliche Farbtöne oder starker Purpurglanz sind abzulehnen, ebenso duffes, glanzloses Gefieder. Bei der Beurteilung der schwarzen Farbe empfiehlt es sich, die Tiere bei vollem Licht und in der Richtung des einfallenden Lichtes zu betrachten. Man kann die Farbe der Schwarzen streng beurteilen, doch möge man ein hochfeines Tier mit vereinzelt auftretenden blau glänzenden Federn nicht verwerfen. Blaulack ist abzulehnen. Beim Schwanz ist ein bronzefarbiger Farbton zu vermeiden. Auf das Untergefieder ist Wert zu legen. Bei der Schaubewertung ist es unerheblich, bei der Zusammenstellung der Zuchtstämme dagegen von wesentlicher Bedeutung. Bei dem Hahn ist das Untergefieder nach dem Grunde weiß, bei der Henne dunkel. Weiße Federn sind nicht zu strafen, wenn sie von außen nicht sichtbar sind. Dagegen ist stark hervortretendes Weiß an den dunklen Schwingen und in den Sicheln abzulehnen. Kaum von Belang ist wenig Weiß an den Unterseiten der Flügel.

Wichtig sind reingelbe Läufe. Sie sind gleichsam das Aushängeschild der Schwarzen. Dunkle Läufe bei den Hennen sind abzulehnen, doch sollten einzelne dunkle Schuppenränder an den Läufen der Hennen nicht als Fehler bzw. Nachteil gelten. Es ist erwiesen, dass die Lauffarbe bei der Paarung von Tieren mit reingelber Lauffarbe über mehrere Generationen hinweg

1,0 Deutsche Zwerg-Wyandotten, blau (B. Deppisch, Moos)

0,1 Deutsche Zwerg-Wyandotten, blau (M. Richter, Pobzig)

verblasst. Darauf sollte man bei der Zusammenstellung der Zuchtstämme achten. Bei den Hähnen muss unbedingt eine reingelbe Lauffarbe verlangt werden. Die sogenannten „Generalstreifen" an den Läufen der Hähne sind positiv zu werten und gelten als ein Zeichen von Lebenskraft und Vitalität.

Bei der Zusammenstellung der Zuchtstämme kommt es auf das Fingerspitzengefühl und die Geschicklichkeit des Züchters an, denn es ist nicht ganz einfach, die vorgeschriebene schöne Lauffarbe bei gleichzeitig tiefschwarzem, grün glänzendem Gefieder zu erreichen.

Die Augenfarbe ist rot; unabhängig von welcher Nuance. Der Schnabel soll gelb sein; ein dunkler Schnabelrücken ist jedoch zulässig.

Die Farbe der Ohrlappen ist rot. Ein weit verbreiteter Fehler sind die hellen Ohrlappen. Hier ist zu unterscheiden zwischen Ohrlappenblässe und Emaille. Tiere mit Emaille in den Ohrlappen – es handelt sich hier um ein kräftiges, glänzendes Weiß – sind bei der Bewertung hart zu strafen und von der Zucht auszuschließen. Dagegen ist Ohrlappenblässe milde zu bewerten, da es sich hier um eine vorübergehende Erscheinung handelt, die bei Anregung des Tieres bzw. Reiben der Ohrlappen aufgrund der dann besseren Durchblutung verschwindet. Die erwähnten Zugeständnisse bezüglich Ohrlappenblässe können nur bei den Hennen gemacht werden. Bei den Hähnen ist grundsätzlich eine kräftige rote Ohrlappenfarbe zu verlangen.

Die Schwarzen präsentieren sich als feinste Formentiere stets „in Stellung", d. h., sie zeigen sich im Käfig von selbst in Paradestellung: schön abgerundete Formen mit der typischen Wyandotten-Linie, die vom Kopf über den vollen Halsbehang, den noch sichtbaren breiten Rücken bis zur vollen, glatt ansteigenden und federreichen Schwanzpartie reicht.

Blau

Farbe: Gleichmäßiges, ungesäumtes, nicht zu helles Blau mit dunkleren bis samtschwarzen Behängen in beiden Geschlechtern. Bei den Hähnen ebenso Schultern, Flügeldecken und einige Schwanzfedern. Nachsicht gegenüber leichter Säumung bei

Grobe Fehler:
Grünglanz; zu helle, zu dunkle oder fleckige Farbe; rostige Behänge beim Hahn; Schilf.

der Henne. Lauf- und Schnabelfarbe gelb: Nachsicht gegenüber etwas schwärzlichem Anflug in den Läufen der Henne.

Die Entstehung der blauen Zwerg-Wyandotten fällt wahrscheinlich in die 30er-Jahre des 20. Jahrhunderts. Ihr Hauptverbreitungsgebiet lag in Mitteldeutschland, und zwar in Sachsen und Thüringen. Sie sind aus der Kreuzung von schwarzen und andalusierweißen Zwerg-Wyandotten damaliger Zeit entstanden. An die Form der Blauen wurden hohe Ansprüche gestellt. Es fanden sich jedoch nur wenige Züchter und Liebhaber, die sich ihrer Zucht annahmen, da es sich um einen spalterbigen Farbenschlag handelt. Das bedeutet, aus der Nachzucht von blauen Tieren fallen statistisch zu 25 % andalusierweiße (teils weißlich blaue), zu 25 % schwarze und zu 50 % blaue Tiere. In der Praxis, besonders bei kleineren Stämmen, schwankt der Anteil an blauen Tieren stark und kann im Extremfall wesentlich geringer sein. Die sogenannten Fehlfarben sind für die Ausstellungen wertlos, können für den Züchter jedoch von großem Wert sein. So fallen aus der Paarung von schwarzen und andalusierweißen Tieren (aus der Zucht von Blauen stammend) wieder ausschließlich blaue Nachkommen.

Zu den Schwierigkeiten der Spalterbigkeit kommt die Forderung nach einem gleichmäßigen, ungesäumten und nicht zu hellen Blau. Die Tiere sollen dabei ein dunkleres bis samtschwarzes Schmuckgefieder (Hals- und Sattelbehang, bei den Hähnen ebenso die Schultern und einige Schwanzfedern) und keinen Grünglanz haben!

Dieses ungesäumte Blau – es gleicht einem satten Taubenblau – ist in Verbindung mit dem schwarzen Schmuckgefieder der Hähne in der Einstammzucht nur schwer zu erreichen. Trotzdem kann festgestellt werden, dass es dem wohl erfolgreichsten Züchter der vergangenen 25 Jahre, August Anthes, Sprendlingen, immer wieder gelungen ist, blaue Zwerg-Wyandotten zu züchten und auszustellen, die der Forderung der Musterbeschreibung und der Vorstellung vom ungesäumten Blau in vorbildlicher Weise entsprachen.

Der SV der Züchter seltener Zwerg-Wyandotten hat die Forderung nach dem absoluten ungesäumten Blau schon seit einiger Zeit etwas zurückgenommen, um die Zucht auf eine breitere Basis zu stellen. Eine etwas dunklere Säumung der sonst schönen mittelblauen Feder wird von den Sonderrichtern nicht mehr beanstandet; allerdings wird bei sonst gleichen Werten das ungesäumte Tier vorgezogen. Nach diesem Prinzip soll auch in Zukunft verfahren werden, wobei den teilweise gestellten Forderungen nach einem grundsätzlich gesäumten Blau oder einem unschönen Schwarzblau nicht entsprochen wird. Dadurch würde das Schönheitsbild, das die blauen Zwerg-Wyandotten bisher verkörpern, bedenklich gestört.

Ein weiteres Farbproblem ist der gelbe Anflug im Hals- und Sattelbehang der Hähne. Ein leichter Goldschimmer wird mit Nachsicht behandelt, bedingt jedoch eine Zurücksetzung des Tieres gegenüber einem solchen mit samtschwarzem Schmuckgefieder. Bei den Hennen ist dieser Fehler weniger auffallend. Erscheint die Farbe der Hennen jedoch mehr braunblau, so müssen diese ebenfalls stark zurückgesetzt werden. Dies gilt auch bei stark fleckiger und verblasster Farbe.

Auch von den Blauen wird eine typische Wyandotten-Form verlangt, wie sie bei den führenden Farbenschlägen vorhanden ist. Die Feder muss breit und fest sein. Verschiedentlich sah man in den letzten Jahren Tiere, die eine zu weiche Feder aufwiesen. Auch waren die Abschlüsse teilweise zu lose und offen. Der Grund hierfür war in der Regel eine viel zu schmale Feder. Hier kann, wie bei der Farbe, nur eine strenge Zuchtwahl Erfolge bringen.

Es sei in diesem Zusammenhang darauf hingewiesen, dass Einkreuzungen hochrassiger schwarzer Zwerg-Wyandotten ohne große Schwierigkeiten möglich sind.

Bei den Hennen sind geringfügig angelaufene Beine (einzelne graue Schuppen) nicht zu strafen, wenngleich auch hier die sattgelbe Beinfarbe vorzuziehen ist.

Eine ausreichende Zuchtbasis bei diesem Farbenschlag mittlerer Häufigkeit ist vorhanden.

Grobe Fehler:
Weiß oder viel Schwarz im Schwanz; Pfeffer in Handschwingen; schilfige Schwingen; ungleichmäßige Oberfarbe der Hennen.

Gelb

Farbe: Ein mittleres, gleichmäßiges Gelb. Untergefieder gelblich. Federkiele gelb. Bronzeton im Schwanz gestattet.

Lauf- und Schnabelfarbe gelb.

Die gelbe Gefiederfarbe hat immer und überall einen besonderen Reiz auf die Züchter und Betrachter ausgeübt. Bei den gelben Zwerg-Wyandotten verbindet sich die herrliche Farbe mit der Harmonie der Körperlinien zu einem besonderen ästhetischen Anblick. Aus diesem Grunde ist es eigentlich unerklärlich, dass die Gelben in der Vergangenheit zu den sogenannten seltenen Zwerg-Wyandotten zu zählen waren. Die Ursache hierfür ist sicher die vergleichsweise schwierige Zuchtpraxis. Besondere Schwierigkeiten bereitet die verlangte gleichmäßige und einheitliche Farbe des Mantelgefieders in Verbindung

1,0 Deutsche Zwerg-Wyandotten, gelb (H. Bonke, Bad Bentheim)

mit einer gelblichen Untergefiederfarbe. Der hierfür erforderliche Farbstoff Phäomelanin muss in einer ausreichenden Menge vorhanden sein, was immer wieder nur durch einen richtigen Ausgleich in der Zusammenstellung des Zuchtstammes erreicht wird. Ein weiterer Grund für die zaghafte Verbreitung ist sicherlich auch die Wetterempfindlichkeit der gelben Gefiederfarbe. Besonders die Hennen bleichen bei fehlendem Regen- und Sonnenschutz leicht aus.

Die ersten Versuche zur Erzüchtung wurden 1918 von A. Martin, Hohenfichte im Erzgebirge, durchgeführt. A. Martin war ein begeisterter Züchter der großen gelben Wyandotten und begann mit der Zucht der kleinen gegen Ende des Weltkrieges durch eine Verpaarung von Tieren der Großrasse mit rebhuhnfarbigen Zwerg-Wyandotten. Aus dieser Zucht gingen 1920 einige Tiere zu Gustav Lamparter nach Reutlingen. Diesem gelang es in mehrjähriger Arbeit, die Tiere auf das richtige Zwerghuhnmaß zu reduzieren und ihnen auch die typische Zwerg-Wyandotten-Form anzuzüchten. Gustav Lamparter kreuzte gelbe Zwerg-Cochin und gelbe Zwerg-Plymouth Rocks ein. Im Jahre 1922/23 besaß er schon typische und kleine Tiere in guter gelber Farbe, die er im süddeutschen Raum, insbesondere beim Süddeutschen Zwerghuhn-Klub, ausstellte.

Aber nicht nur in Reutlingen wurde an der Herauszüchtung der gelben Zwerg-Wyandotten gearbeitet, sondern es gab unabhängig davon auch Züchter in Sachsen und Thüringen, die sich mit dieser Aufgabe befassten. So dürfen wir mit Recht zwei getrennte Wege bei der Herauszüchtung feststellen. Der erste Weg begann bei A. Martin und wurde von Gustav Lamparter fortgesetzt. Neben A. Martin, Gustav Lamparter und dem weiterhin beteiligten Züchter Sandherr aus Feuerbach, der 1923 von Gustav Lamparter Tiere erhielt,

0,1 Deutsche Zwerg-Wyandotten, gelb (N. Hühn, Marburg)

begann der andere Weg bei Fritz Jahn in Bürgel im Erzgebirge. Er wollte eigentlich nur rote Zwerg-Wyandotten herauszüchten und benutzte hierzu neben Zwerg-Rhodeländern als weitere Ausgangsrassen gelbe Zwerg-Cochin, Zwerg-Plymouth Rocks und Zwerg-Orpington. Im Jahr 1922 fiel neben roten Küken auch eine gelbe Zwerghenne, von der Fritz Jahn 1923 zwei sehr rassetypische Hähne nachzog, die er dann mit einer gelben Orpingtonhenne paarte. Seine Zuchtergebnisse stellte er erstmals 1924 bei der Nationalen Zwerghuhnschau aus.

Beide Zuchtrichtungen blieben jedoch auf ihre Regionalräume, auf den süddeutschen Raum sowie auf Sachsen und Thüringen, beschränkt. Dadurch vollzog sich die Zucht und Verbreitung dieses schönen Farbenschlags nur sehr schwer.

Langsam ging es bergauf, und die gelben Zwerg-Wyandotten erfreuten sich ihrer herrlichen Farbe wegen einer größeren Beliebtheit. Zu den bekannten Züchtern gehörten in dieser Zeit u.a. die Altmeister Vetter aus Sachsen und Hambüchen aus Düsseldorf.

Der Zweite Weltkrieg bereitete der erfreulichen Entwicklung ein jähes Ende. Die meisten Zuchten wurden völlig vernichtet, sodass in den Nachkriegsjahren ein mühevoller Wiederbeginn erfolgen musste. Die noch vorhandenen spärlichen Reste waren nicht mehr von bester Qualität, sodass andere Rassen eingekreuzt wurden. Neben schwarzen und weißen Zwerg-Wyandotten fanden auch Zwerg-Rhodeländer Verwendung. Dadurch wurde die Form rechteckig und der Rücken viel zu flach. Die Andersfarbigen vererbten Bronze, Pfeffer, Schilf und stark absetzende Behänge bei den Hähnen. Die Kämme waren besonders bei den Hähnen zu grob geperlt, hatten Auswüchse und waren stark muldig.

Nach der Gründung des Sondervereins der Züchter seltener Zwerg-Wyandotten im Jahre 1956 arbeiteten wieder mehrere Züchter systematisch an der Verbesserung der Gelben. Aufzeichnungen hierüber liegen allerdings nur aus dem Bereich des BDRG vor. In der Wetterau war es der damalige 1. Vors. des SV, Walter Diehl, Reichelsheim, der alsbald typische Tiere bei den Ausstellungen zeigte. Sie hatten allerdings noch nicht das gleichmäßige leuchtende Gelb. Auch waren die Flügeldecken bei den Hähnen noch sehr rot. Zum Züchterkreis gehörten in diesen Jahren noch Fritz Bach aus Görsroth/Taunus; Felizitas Meinshausen, Düsseldorf; Heinz Schlüter, Tonnenheide; Wiard Klose, Bad Segeberg; Hans-Wilhelm Lindert, Steinhagen, und Erwin Eich, Beienheim. Auch Georg Schmidt jr. aus Mainbernheim, der sich zudem mit großem Einsatz um die Verbesserung der gesäumten Zwerg-Wyandotten bemühte, züchtete zu dieser Zeit die Gelben.

Bei der Deutschen Zwerghuhnschau 1963 in Köln zeigte Wilhelm Timmerhaus aus Bennien eine vorzügliche gelbe Henne. Er hatte 1960 mit der Zucht begonnen. Seine wertvollen Ausgangstiere stammten vom H. W. Lindert, der seine Gelben u. a. von Frau Meinshausen bekommen hatte. Frau Meinshausen züchtete bis ins hohe Alter gelbe und blaue Zwerg-Wyandotten. Sie war auch maßgeblich an der Gründung des SV der Züchter seltener Zwerg-Wyandotten beteiligt. Bei ihrer züchterischen Arbeit stand sie in ständigem Kontakt mit dem unvergessenen, langjährigen Vorsitzenden des Zwerghuhn-Züchterverbandes, Wilhelm Woith aus Berlin-Tempelhof. Wilhelm Timmerhaus wurde zum führenden Züchter der gelben Zwerg-Wyandotten in der Bundesrepublik und sicherlich auch darüber hinaus. Er zog in seiner Anlage jährlich über 100 Gelbe auf. Seine form- und farbvollendeten Hennen fielen bei den Ausstellungen sofort ins Auge. Gelbe Spitzenhähne kamen u. a. auch aus den Zuchten von Peter Mom, Orsoy; Werner Schulze, Siegen; Reinhold Busse, Bünde, und Norbert Hühn, Marburg-Bauerbach. Inzwischen haben mehr oder weniger alle Züchter der gelben Zwerg-Wyandotten Kontakte mit der Zucht von Wilhelm Timmerhaus gehabt. Für seine großen Verdienste um diesen Farbenschlag wurde ihm 1981 eine besondere Ehre zuteil. Er errang bei der Deutschen Junggeflügelschau in Hannover den „Goldenen Siegerring".

Trotz der intensiven züchterischen Arbeit von Wilhelm Timmerhaus und vieler anderer ernsthafter Züchter müssen noch wesentliche Merkmale verbessert werden.

Vielen Hähnen fehlt die typische waagerechte Körperhaltung, wodurch die Schwanzpartie nicht die erforderliche Höhe (Augenhöhe) erreicht. Bei mehreren Hähnen ist die Schwanzpartie einfach zu kurz und schmal. Solche Hähne gehören nicht mehr in den Zuchtstamm, schon gar nicht in den Ausstellungskäfig. Gelbe Hähne haben teils einen zu engen Stand. Die Augenfarbe muss bei den Gelben überwiegend intensiver rot werden. Außerdem muss auf eine klare Trennungslinie zwischen der Pupille und der Iris geachtet werden. Auf die Dauer sind die hier gemachten Zugeständnisse bei der Bewertung nicht mehr zu vertreten.

Ein Sorgenkind waren bei den gelben Hähnen schon immer die Kämme. Teils waren sie zu grob geperlt, hatten kleinere oder größere Mulden und einen zu kurzen Dorn. Einiges hat sich in den vergangenen Jahren gebessert. Der kleine, fein geperlte und volle Kamm mit einem dem Nacken folgenden Dorn ist aber immer noch selten.

Die Farbe der gelben Hähne ist durchweg in Ordnung. Gewünscht wird ein mittleres, gleichmäßiges Gelb. Die Deckenfarbe soll mit der übrigen Mantelfarbe identisch sein. Sollte sie etwas intensiver sein, so kann dies noch akzeptiert werden. Beim Zuchthahn ist es vielleicht sogar wünschenswert, um einer Aufhellung der Hennenfarbe vorzubeugen (Phäomelanin-Verlust). Weiß im Untergefieder und weiße Federkiele zeigen einen Farbverlust an und sind fehlerhaft. Die Federkiele müssen gelb sein. Graues Untergefieder, das als Ergebnis von (teils notwendigen) Einkreuzungen auftreten kann, muss bei der Bewertung ebenfalls beanstandet werden. Dagegen ist ein geringer Bronzeton im Schwanz zulässig. Weiß und auffällige schwarze Einlagerungen im Abschluss und in den Schwingen sind unerwünscht. Ebenso werden schilfige Schwingen beanstandet.

Es gibt heute noch gelbe Hähne, die zu groß und grob sind. Andere sind zu zart und haben viel zu dünne Läufe. Sie müssen in der Größe also gleichmäßiger werden. Wie alle Zwerg-Wyandotten, so sollen auch die Gelben breite und gut abgerundete Federn haben. Das Gefieder soll nicht zu weich oder zu lose sein. So straff wie bei den Schwarzen wird es aber niemals werden. Trotzdem müssen auch bei den Gelben deutlich sichtbare (keine geputzten) Schenkel verlangt werden.

Für die gelben Hennen gelten die zu den Hähnen gemachten Anmerkungen singemäß, d. h., dass in erster Linie Wert auf die moderne Form Deutscher Zwerg-Wyandotten gelegt werden muss. Hennen mit kurzer, flacher und schmaler Schwanzpartie können nicht mehr 93 Punkte erreichen. Besonders wichtig ist auch bei den Hennen der Hinweis auf die notwendige Schenkelfreiheit, den breiten Stand und die nicht zu feinknochigen Läufe.

Auch bei den Hennen gibt die Farbe wenig Anlass zu Beanstandungen. Sie soll ein gleichmäßiges mittleres Gelb sein. Eine ungleichmäßige Oberfarbe gilt als grober Fehler. Zu erwähnen ist noch, dass auch bei den Gelben die Schnäbel inzwischen schon reichlich lang geworden sind. Sie stören so den Gesamteindruck und müssen deshalb mehr beachtet werden. Der gelbe Schnabel soll kurz und kräftig sein.

Der Kreis der Züchter, die diese herrlichen Zwerg-Wyandotten züchten, hat sich über die Jahrzehnte hinweg deutlich vergrößert, sodass sie heute zu den häufigeren Farbvarianten gehören.

Rot

Hahn: Gleichmäßiges, sattes, glanzreiches Rot. Schwingen rot oder rot mit schwarzem Längsstrich am Kiel entlang. Steuerfedern beim Hahn überwiegend schwarz und große Schwanzdeckfedern schwarz mit Grünglanz.

Henne: Im Rot etwas matter als der Hahn. Steuerfedern rot mit deutlichem Schwarzanteil.

Bei Hahn und Henne: Untergefieder möglichst sattrot. Federkiele rötlich hornfarbig.

Grobe Fehler:
Matte, glanzlose Farbe; schwarze Einlagerungen auf den Flügeldecken; gelblich rote Halsfarbe; fehlendes Schwarz im Schwanz des Hahnes; Weiß oder viel Ruß im Untergefieder; Schilf.

Lauffarbe gelb, braune Schuppen oder rote Streifen gestattet. Schnabelfarbe rötlich hornfarbig.

Schon bei der 1. Nationalen Zwerghuhnschau 1920 in Berlin wurden von Fritz Jahn aus Bürgel im Erzgebirge zwei rote Zwerg-Wyandotten gezeigt. Er hatte die Zucht mit vorhandenen Zwerg-Wyandotten und Zwerg-Rhodeländern begonnen. Eine F_1-Henne aus dieser Kreuzung diente dann zum weiteren Aufbau der Zucht.

Im „Handbuch der Zwerghuhnzüchter" von 1921, Herausgeber Dr. Paul Trübenbach, werden die vereinzelt ausgestellten roten Zwerg-Wyandotten nur der Vollständigkeit halber erwähnt. Sehr verbreitet haben sie sich dann auch in den folgenden Jahren nicht, obwohl in Mitteldeutschland Zuchten bestanden haben. Um 1930 befasste sich Willy Krugmann aus Potsdam wieder mit der Zucht, musste aber neu beginnen und fand scheinbar nicht die richtigen Ausgangstiere. Seine Zuchtergebnisse stellte er 1935 in Berlin aus, fand jedoch keine Anerkennung. Was noch an roten Zwerg-Wyandotten vorhanden war, konnte offensichtlich nicht über die Kriegsjahre hinweggerettet werden. Zuerst begann man in der damaligen DDR wieder mit der Zucht. Im Bereich des BDRG war es Ehrenmeister Hermann Tietz aus Lübeck, der sich ab 1953 dieser schwierigen Aufgabe annahm. Er begann mit sogenannten roten Landzwergen, gestreiften und dunkelgelben Zwerg-Wyandotten.

Wenig später begannen in der Wetterau der seinerzeitige 1. Vors. des SV d.Z. seltener Zwerg-Wyandotten, Walter Diehl, Reichelsheim, und Helmut Hühn aus Ober-Widdersheim ebenfalls mit der erneuten Herauszüchtung. Sie versuchten es mit gelben Zwerg-Wyandotten und Zwerg-Rhodeländern. Während Zfr. Tietz bei seinen Roten alsbald eine intensive, fast rhodeländerrote Farbe erreichte, blieben sie in der Wetterau über Jahre im Ganzen etwas heller. Besonders die Hähne hatten stark abgesetzte fuchsige Hals- und teils auch Sattelbehänge. In beiden Gebieten hatten die Roten zudem mehr oder weniger schwarze Einlagerungen (Teer) auf den Decken und im übrigen Mantelgefieder. Bedingt durch die Einkreuzung von Zwerg-Rhodeländern, war in den folgenden Jahren von einer breit angesetzten Schwanzpartie und der typischen Steigung mit vollem Abschluss nicht zu reden. Auch die Kämme waren alles andere als befriedigend. Büschelkämme, Mehrzfachdorne, tiefe Kammmulden und grobe Kämme waren vorherrschend. Die ersten Fortschritte in der Form sowie bei den Kopfpunkten zeigten sich naturgemäß bei den Hennen. Die Hähne blieben zudem lange zu hoch im Stand und reichlich groß. 1964 besuchte Werner Schulze aus Siegen, der von Walter Diehl das Amt des 1. Vorsitzenden im SV übernommen hatte, Zfr. Tietz in Lübeck, der sich aus Altersgründen allmählich von seiner Zucht trennen wollte. Er erwarb einen Hahn mit einer wunderbar intensiven und gleichmäßigen Farbe und zwei ansprechende Hennen. Inzwischen waren die Roten 1959 anerkannt und in den Standard aufgenommen worden.

1,0 Deutsche Zwerg-Wyandotten, rot (W. Schulze, Siegen)

Um die Form und Kämme zu verbessern, kreuzte Werner Schulze hochrassige schwarze Zwerg-Wyandotten ein – sie stammten u. a. von Pfarrer Rolf Schulten aus Gernsheim, einem der erfolgreichsten Züchter der Schwarzen in dieser Zeit. Zudem vermied er entschieden die Weiterzucht mit Tieren, die deutlich eine Anleihe bei den Gelben erkennen ließen. Es ging ihm darum, eine einheitliche Farbe ohne die heller absetzenden Halsbehänge bei den Hähnen zu erreichen. Dieses Farbproblem stand nach seiner Ansicht auch einer wesentlichen Verbreitung der roten Zwerg-Wyandotten im Wege.

Seine ersten Versuche waren ermutigend. Neben unbrauchbaren Fehlfarben in den verschiedensten Schattierungen erhielt er wertvolle Hennen, die zwar noch mehr oder weniger schwarze Einlagerungen in der Oberfarbe hatten, sich aber für die Weiterzucht anboten. Die Verbesserungen in Form und Größe, bei den Kämmen und in der Federstruktur waren eindeutig erkennbar. Die Hähne waren aus farblichen Gründen für die Weiterzucht nicht geeignet. Aus dieser Linie konnte Werner Schulze 1966 bei der Deutschen Zwerghuhnschau in Osnabrück eine rote Henne mit einer einwandfreien, intensiven und gleichmäßigen Oberfarbe vorstellen. Die Untergefiederfarbe war verständlicherweise mehr rotgrau, was auch heute noch zulässig ist. Auf Antrag des SV der Züchter seltener Zwerg-Wyandotten wurde der Standard vom BZA dahingehend geändert, dass Ruß im Untergefieder kein grober Fehler ist. Ohne dieses Zugeständnis wäre eine Verbesserung und Verbreitung der Roten kaum möglich gewesen. Geändert wurde auch die Forderung: „wie lackiert aussehend", wie dies bei den Rhodeländern verlangt wird. Als fehlerhaft wurden dagegen die gelblich roten Halsbehänge in die Musterbeschreibung aufgenommen.

Die Zucht der Roten wurde in diesen Jahren insbesondere von Helmut Hühn aus Ober-Widdersheim und Werner Schulze betrieben. Weitere beständige Züchter waren Walter Diehl, Reichelsheim; Alois Matula, Donzdorf, und Rudolf Bögle aus Hamburg. Bei der 7. Westdeutschen Junggeflügelschau in Hamm 1971 erhielt ein roter Hahn von Werner Schulze die Note „v". Er wurde in hohem Maße allen Forderungen gerecht. Mithilfe der schwarzen Zwerg-Wyandotten hatte Werner Schulze bei seinen Roten die richtige Größe, die unerlässliche waagerechte Körperhaltung, eine ansprechende Federstruktur (nicht so haarig) und eine verbesserte Steigung der breit angesetzten Schwanzpartie erreicht. Seine Roten hatten zudem schon typische (die Hennen teils sogar zu kleine) Kämme und rubinrote Augen. Die Oberfarbe des v-Hahnes und vieler anderer war völlig gleichmäßig, fast rhodeländerrot und lackreich. Mit diesem Fortschritt stellten sich jedoch auch wieder neue Schwierigkeiten ein. Die meisten Hennen zeigten bei den Ausstellungen, und nicht nur hier, blasse Gesichter und Ohrlappen. Dies war kein Konditionsmangel, denn die Legeleistung der Hennen war gleichzeitig hervorragend. Sie legten teils mehr als 200 Eier im ersten Jahr. Die fehlende Gesichtsfarbe kann sogar mit der hohen Legeleistung im Zusammenhang gestanden haben. Es dauerte Jahre, bis dieses Problem überwunden war. Erreicht wurde die Besserung u.a. durch das Einkreuzen von andersfarbigen Zwerg-Wyandotten in fast allen Zuchten. Gestreifte, Weiße, Goldfarbige und Rebhuhnfarbig-Gebänderte wurden eingesetzt. Zu dem nun erweiterten Züchterkreis Mitte der 70er-Jahre des vorigen Jahrhunderts gehörten u.a. Armin Eggers, Neumünster; Arnold Köbler, Veitshöchheim, und Thomas Meier, Süsel-Röbel. Später kamen noch Hans Müth und Josef Laqua aus Nidda dazu.

0,1 Deutsche Zwerg-Wyandotten, rot (W. Schulze, Siegen)

Durch die Einkreuzung der genannten anderen Farbenschläge erhöhte sich in allen Zuchten zwangsläufig die farblich bedingte Ausfallquote, die auch heute noch Probleme bereitet.

Was ist also zu tun, um auch bei den Roten Form und Farbe zu festigen? Zunächst müssen die Zuchtstämme auf die wirklich wertvollsten Tiere (möglichst mit Althennen) reduziert werden. Der Zuchthahn müsste eine intensive und völlig gleichmäßige Oberfarbe haben – Lack erwünscht. Im Gegensatz zu den roten Farbenschlägen bei anderen Rassen, wie Italienern, Orpington, Reichshühnern usw., wird ein Rot gewünscht, das dem der Rhodeländer möglichst nahe kommt. Die Züchter der genannten anderen Rassen haben bis heute nicht den Beweis dafür erbracht, dass mit einem helleren oder stumpferen Rot eine völlig gleichmäßige Farbe zu erzielen ist.

Ihre Hähne haben durchweg eine hellere, absetzende Halsbehangfarbe – Ausnahmen, die als kurzfristige Erfolge zu werten sind, bestätigen die Regel. Sicher kann man den roten Farbenschlag auf verschiedene Weisen definieren. Bei den roten Deutschen Zwerg-Wyandotten jedoch ist ein helles oder stumpfes Rot nicht gewünscht, wenngleich derzeit noch unklar ist, ob mit der angestrebten Farbe eine Federbreite zu erreichen ist, die der Wyandottentyp erfordert.

Als Nächstes sollten die Züchter darauf hinarbeiten, dass die Hähne breite und feste Steuerfedern bekommen. Wie bei den Rhodeländern sollen diese schwarz sein. Die Schwingen sind rot oder rot mit einem schwarzen Längsstrich am Kiel. Der Federkiel selbst ist rötlich hornfarben. Schwarze Einlagerungen im unteren Halsbehang sollten voll toleriert werden. Die entsprechende Zuchtaussage bei den Zwerg-Rhodeländer-Züchtern lautet: „Die schöne, satte, lackreiche Farbe ist nur dann zu erzielen, wenn Schwarz an den erlaubten Stellen, also in Schwanz und Schwingen, auch im Halsbehang, geduldet wird." Auf diesem Weg sollte versucht werden, bei den roten Zwerg-Wyandotten das Untergefieder reinrot zu erzielen – bisher darf dieses auch graurot sein, allerdings ohne Zeichnung. Es muss leider immer wieder festgestellt werden, dass Preisrichter bei der Beurteilung diese Untergefiederfarbe bestrafen. Dagegen ist Weiß im Untergefieder fehlerhaft. Man findet es sehr oft in der Brustpartie der Hähne. Es bewirkt, dass die Nachzucht dieser Hähne zu hell und fleckig wird. Daher ist eine deutliche Zurücksetzung dieser Hähne, ggf. auch Hennen, unbedingt erforderlich. Ebenso fehlerhaft ist eine gelbliche Halsfarbe. Grundsätzlich sollten alle Abweichungen, die als Farbstoffreserve zu sehen sind, großzügig, und die einen Farbstoffschwund bewirkenden härter beurteilt werden.

Abschließend zur Farbe der Roten sei noch erwähnt, dass die Hennenfarbe etwas matter im Rot ist, ansonsten aber jener der Hähne entspricht. Die Hähne müssen in der Größe noch ausgeglichener werden. Stand breit und waagerecht, breiter Schwanzansatz, ausreichende Steigung und voller Abschluss sind weitere wichtige Forderungen. Die Kämme müssen überwiegend im vorderen Bereich voller werden. Der Dorn sollte noch mehr dem Nacken folgen.

Die roten Hennen sind teils schon zu zart geworden. Ein breiter Stand und kräftige Läufe sind für eine vitale Erscheinung notwendig. Die Läufe sollen gelb sein. Zulässig sind auch noch solche mit braunen Schuppen oder roten Streifen. Vielen Hennen fehlt noch die typische Steigung mit dem höchsten Punkt am Ende des Schwanzes. Voraussetzung hierfür sind breite und feste Steuerfedem, die analog zum Hahn überwiegend schwarz sein sollten. Auch die Schwingen sollen breit, nicht zu lang und abgerundet sein. Zum breiten Stand gehört auch eine angemessene Standhöhe, wodurch die Schenkel sichtbar gemacht werden. Zu loses Schenkelgefieder wirkt störend und drückt die Note. Die Kämme sind bei den meisten Hennen in Ordnung, teils sind sie sogar etwas zu zart und der Dorn ist nur wenig ausgeprägt. Die bessere Entwicklung sollte als Wunsch auf der Bewertungskarte erwähnt werden. Eine Bestrafung erscheint überflüssig, da Kämme in der Regel eher zu grob werden. Die roten Zwerg-Wyandotten hatten in der Vergangenheit überwiegend eine rubinrote Augenfarbe. Sie zu erhalten muss ein Anliegen aller Beteiligten sein.

Wenn es den engagierten Züchtern gelingt, die Form der Roten in Verbindung mit einer intensiven, gleichmäßigen und glanzreichen Farbe weiter zu verbessern, und wenn sich für die interessante züchterische Arbeit noch mehr Züchter finden, dann wird auch dieser Farbenschlag in Zukunft noch längere Käfigreihen füllen. Zurzeit ist seine Verbreitung gesichert.

Die Roten gehören zu den Farbenschlägen mit mittlerer Häufigkeit.

Gestreift

Farbe: Jede Feder in mehrfachem Wechsel gleichmäßig intensiv schwarz und hellgrau quer gestreift. Die Querstreifen sind möglichst scharf voneinander abgegrenzt und verlaufen geradlinig. Beim Hahn sind die Streifen von gleicher Breite und im Hals- und Sattelbehang schmaler und leicht gezackt. Die Henne hat breitere schwarze Streifen und wirkt daher im Gesamtbild dunkler. Die Federn sollen möglichst schwarz enden. Die Handschwingen sind in der Streifung weniger scharf gezeichnet und farblich etwas matter gestattet. Das Untergefieder ist durchgezeichnet. Bei beiden Geschlechtern ist ein etwas helleres oder dunkleres Gesamtbild gestattet. Lauffarbe gelb. Schnabelfarbe gelb, dunkler Anflug gestattet.

Die gestreiften Zwerg-Wyandotten sind eine deutsche Züchtung und wurden von Richard Günther, Leipzig, aus Plymouth Rocks und weißen Zwerg-Wyandotten unter Zuhilfenahme von Dominikanern erzüchtet. An Zwergrassen wurden später noch weiß-schwarzcolumbiafarbene Brahma, porzellanfarbige Zwerghühner sowie weiße Orpington benutzt. Der Erzüchter stellte seine Tiere (1,1) erstmals 1913 in Leipzig aus und konnte im Wettbewerb mit schwarzen und weißen Zwerg-Wyandotten auf den Hahn einen zweiten und auf die Henne einen ersten Preis erringen, ein Beweis für die von Anfang an hohe Qualität der damals noch als gesperbert bezeichneten Neuzüchtung.

In der darauffolgenden Zeit wurde ihre Qualität trotz der Kriegsjahre weiter zielstrebig verbessert. Anfang der Zwanzigerjahre des vorigen Jahrhunderts erfolgte die Umbenennung in Gestreift. Bis zum Zweiten Weltkrieg arbeiteten versierte Züchter weiter an der Rasse, was sich in hohen Beschickungszahlen bei den maßgebenden Ausstellungen sowie einer Steigerung der Qualität ausdrückte. Nach dem Zweiten Weltkrieg erfolgte, auf den wenigen noch verbliebenen Zuchten aufbauend, eine

Grobe Fehler:
Blockige, grobe oder verschwommene Streifung; stark ungleichmäßige oder bogig verlaufende Querstreifen; in den Handschwingen je Seite mehr als eine schwarze Feder; mehrere, von außen sichtbare, reinschwarze Federn; zu hell abgesetzter Halsbehang beim Hahn; zu dunkel abgesetzter Halsbehang bei der Henne; überwiegend Federn mit hellem Ende; fehlende Streifung im Untergefieder; Rost; Schilf.

1,0 Deutsche Zwerg-Wyandotten, gestreift (D. Weichert, Wunstorf)

0,1 Deutsche Zwerg-Wyandotten, gestreift D. Weichert, Wunstorf)

mühsame Kleinarbeit, die zu einem neuen Hochstand der Zucht führte. Die Spitzentiere stehen heute mit den besten weißen oder schwarzen Zwerg-Wyandotten auf gleicher Stufe. Auch die Verbreitung des Farbenschlages hat sich erfreulich entwickelt. Auch wenn ein Rückgang in den Bestandszahlen zu verzeichnen ist, nehmen die Gestreiften In der bunten Familie der Deutschen Zwerg-Wyandotten nach den Schwarzen und Weißen den dritten Platz ein.

Trotzdem gibt es in der Zucht noch einiges zu tun. Primär ist auf die richtige Zwergengröße zu achten. Im Vergleich mit anderen Vertretern der Deutschen Zwerg-Wyandotten sind besonders die Hähne der Gestreiften manchmal noch etwas zu groß. Hier muss weiter versucht werden, unter Wahrung der figürlichen Feinheiten die Größe etwas zu reduzieren. Es ist aber stets zu beachten, dass die Wyandottenform eine gewisse Fülle verlangt, um die typische Eleganz auszustrahlen.

Neben der Größe und der Form sind Farbe und Zeichnung die wichtigsten Rasseattribute. Bei einem idealen Farbtier ist das Verhältnis zwischen der schwarzen Grundfarbe und der hellgrauen Zeichnungsfarbe 1:1, wobei geringe Abweichungen in diesem Verhältnis zulässig sind. Bei zu dunklen Tieren nimmt die Grundfarbe einen zu großen Anteil ein, das Verhältnis der Farben tendiert dann zu 2:1. Bei den gestreiften Zwerg-Wyandotten ist jede Feder in möglichst gleichmäßigem Wechsel mehrfach schwarz und scharf abgesetzt hellgrau quer gestreift. Das Untergefieder ist durchgezeichnet. Man achte darauf, dass das Ende der Feder mit dem schwarzen Streifen abschließt, da sonst die Zeichnung unruhig wirkt. Aber auch in diesem Punkt sollte man keine übertriebenen Forderungen stellen. Bei genauer Prüfung findet man bei jedem Tier Federn, die nicht schwarz enden. Ein vorbildliches Farbtier muss vom Kopf bis zum Schwanz den gleichen Farbton aufweisen. Tiere, die in der Farbe absetzen, sind zur Zucht ungeeignet, ebenso solche mit bräunlichen Farbtönungen oder zu grober, blockiger Streifung und verschwommener Zeichnung. Die Streifung soll gradlinig und beim Hahn in gleicher Breite verlaufen.

Die Henne hat breitere schwarze Streifen und wirkt daher dunkler als der Hahn. Von Bedeutung ist auch die Schwingenfarbe. Sie sollte ebenfalls klar sein und die Zeichnung in den Armschwingen möglichst gleich breit quer verlaufen. In den spitzen Handschwingen verläuft sie ähnlich wie beim Hahn, im Schmuckgefieder leicht sägeförmig. Auch der Erhaltung einer intensiven Grundfarbe ist Beachtung zu schenken. Sie hat bei besten Farbtieren einen käfergrünen Glanz. Eine unreine Grundfarbe ist zu vermeiden. Insgesamt gesehen bereiten gerade die schwierig zu erzielenden, komplizierten Farb- und Zeichnungsmerkmale dieses Farbenschlages dem passionierten Züchter ein faszinierendes Betätigungsfeld.

Von allen Farbenschlägen der Deutschen Zwerg-Wyandotten haben wohl die gestreiften die schönste Kopfform. Der kurze, gut gewölbte Kopf mit einem kurzen, kräftigen Schnabel strahlt Eleganz aus. Der Schnabel soll gelb sein, dunkler Anflug ist gestattet. Gelbe Schnäbel sehen zwar schöner aus, treten jedoch in der Nachzucht relativ selten auf und werden nicht konstant weitervererbt.

Die Hahnenkämme dürften noch besser werden, wenngleich sie überwiegend den Ansprüchen genügen. Zum Glück treten übergroße und ungleichmäßige Kämme bei den Gestreiften nicht auf. Selbstverständlich setzen Mulden, Falten bzw. Auswüchse im Dornbereich die Qualität herab. Von oben gesehen soll die Kammform ein gleichschenkliges, spitzwinkliges Dreieck bilden. Der Hennenkamm ist im Hinblick auf die Vererbung des Hahnenkammes besonders zu beachten. Er sollte deshalb relativ zart und gleichmäßig geformt sein, keine Mulden und Falten aufweisen sowie einen deutlichen Dorn zeigen.

Beim gegenwärtigen Zuchtstand ist eine intensiv gelbe Beinfarbe zu fordern. Eine blassere Beinfarbe, die häufig ihre Ursache in zu wenig Grünfutter hat, entwertet nicht, setzt aber in der Beurteilung zurück. Bei schwindender Farbsubstanz wirkt auch die Schnabelfarbe blass. Durch Füttern von viel Grünfutter und Möhren kann dieser Blässe vorgebeugt werden. Die Läufe sollten glatt und nicht zu feinknochig sein.

Die Aufzucht der Gestreiften ist bei ihrer bekannten Vitalität unproblematisch. Bei einiger Übung lassen sich die Geschlechter schon als Eintagsküken erkennen. Die Hennen haben einen geschlossenen weißen Kopffleck, während der gelbliche Kopffleck der Hähne diffuser ist.

Um bei größeren Schauen wettbewerbsfähig zu sein, wird allgemein empfohlen, mindestens 60 Jungtiere aufzuziehen. Denn es muss immer damit gerechnet werden, dass aufgrund der beschriebenen Fehler etliche Tiere ausfallen. Wer aber bereit ist, viel züchterisches Engagement zu zeigen, und darüber hinaus die nötige Geduld hat, wird an den lebhaften, aber dennoch zutraulichen, gut legenden gestreiften Deutschen Zwerg-Wyandotten seine Freude haben. Sie gehören zu den häufigen Farbvarianten.

Schwarz-Weißgescheckt

Farbe: Hauptfarbe grün glänzend schwarz, die Federenden mit weißer Spitze. *Beim Hahn* entspricht die Zeichnungsverteilung den geschlechtsbedingten Federformen. *Bei der Henne* möglichst gleichmäßig verteilte Zeichnung. Bei Jungtieren ist die Grundfarbe vorherrschend. Mit dem Alter wird die weiße Zeichnung stärker.

Lauffarbe gelb; einige dunkle Schuppen bei der Henne gestattet. Schnabelfarbe gelb.

Grobe Fehler:
Mattes Gefieder, violett im Gefieder; sehr unreine verschwommene Zeichnung; überwiegend weiße Schwingen beim Hahn und reinweiße Schwingen bei der Henne; sehr grobe, stark ungleichmäßige oder zu wenig Zeichnung bei der Henne.

Die ersten Gescheckten (so die Kurzbezeichnung) waren Zufallsprodukte, die 1926 bei Kreuzungsversuchen des Berliner Züchters Johannes Zoch anfielen. Da in den ersten Jahren nur Hennen fielen, dauerte die Erstvorstellung bis 1933. Die Anerkennung erfolgte drei Jahre später anlässlich des Welt-Geflügelkongresses 1936 in Leipzig.

Über ihre Verbreitung in den folgenden Jahren ist wenig bekannt. Sicher ist, dass sie bis lange nach dem Zweiten Weltkrieg in Mitteldeutschland gezüchtet und ausgestellt wurden.

In der Bundesrepublik traten sie erst nach der Gründung des Sondervereins der Züchter seltener Zwerg-Wyandotten im Jahr 1956 in Erscheinung. Der Züchterkreis war hier zunächst sehr klein. Einer der Ersten war in diesen Jahren Hermann Göppner aus Theisenort/Ofr. Anfang der Sechzigerjahre kam dann Bewegung in die Zucht. Helmut Mom aus Orsoy/Niederrhein hatte sich der Zucht dieses aparten Farbenschlags angenommen und sorgte mit großem Engagement für seine Verbesserung. Mehrere Hundert gescheckte Küken bevölkerten jährlich seine große Zuchtanlage. Viele mussten zunächst aussortiert werden. Die Besten zeigte er dann bei vielen großen Ausstellungen. Zwangsläufig setzte nun eine erhebliche Nachfrage nach diesem „neuen“ Farbenschlag ein. Zu seinen aktivsten Mitstreitern gehörten alsbald die SV-Mitglieder Paul Geisner, Bremervörde-Elm; Albert Helfrich, Bingenheim; Erwin Stühn, Heuchelheim; Hans-Wilhelm Lindert, Steinhagen, und Arthur Weitz, Heuchelheim. Weitere folgten.

Die Gescheckten waren nun von den großen deutschen Schauen nicht mehr wegzudenken. Auch bei LV- und kleineren Ausstellungen waren sie anzutreffen. Bei der Niedersachsenschau 1966 in Osnabrück, wo eine Sonderschau aus Anlass des 10-jährigen Bestehens des SV stattfand, wurden 15,20 Gescheckte gezeigt. Zehn Jahre später in Siegen waren es 32,46 und 1981 in Hannover beim Wettbewerb um den „Goldenen Siegerring“ 40,66. Helmut Mom errang 1966 in Stuttgart das erste SB auf einen gescheckten Hahn und 1971 das BB auf eine Henne.

Dass sich nur eine begrenzte Anzahl von Züchtern für diesen Farbenschlag gewinnen lässt, liegt zweifelsfrei an den Schwierigkeiten, die mit dieser Zucht verbunden sind und immer verbunden bleiben werden, denn neben den typischen Rassemerkmalen und der schwarzen Grundfarbe mit grünem Lack ist die geforderte gleichmäßig verteilte zarte Zeichnung (Rundum-Zeichnung) nur schwer zu erreichen. Hierzu sind viel züchterisches Können und Ausdauer erforderlich.

Setzt man die Forderungen der Musterbeschreibung in die Praxis um, bedeutet dies, dass bei den Junghähnen die weiße Zeichnung (möglichst v-förmig an der Federspitze) nur gering sein soll. Auf der Brust, den Flügeldecken und an den Schenkeln muss sie aber gleichmäßig vorhanden sein, in den Behängen nur andeutungsweise. Auf den Flügeldecken wird die Zeichnung sehr leicht zu grob – Binden und Finkenzeichnung –, was nicht gewünscht

1,0 Deutsche Zwerg-Wyandotten, schwarzweißgescheckt (A. Bosl, Mengkofen)

0,1 Deutsche Zwerg-Wyandotten, schwarzweißgescheckt (D. Weichert, Wunstorf)

wird und von einer hohen Note ausschließt. Ein Teil der Hähne hat im Zusammenhang damit mehrere reinweiße Handschwingen, die von außen nicht sichtbar sind und deshalb auch bisher nicht bestraft wurden.

Um die Zucht der Gescheckten zurzeit nicht weiter zu erschweren, haben bis zu zwei reinweiße Handschwingen auf jeder Seite noch keinen Einfluss auf die Bewertung der Hähne. Bei sonst gleichwertigen Hähnen sind solche ohne diese weißen Schwingen jedoch vorzuziehen. Es soll versucht werden, in Zukunft ganz auf weiße Schwingen zu verzichten.

In Typ und Größe sollen die gescheckten Hähne denen der Schwarzen entsprechen. Die bei Schauen gezeigten Hähne könnten zurzeit noch ausgeglichener in der Größe sein. Einigen fehlt auch die unerlässliche waagerechte Körperhaltung, ohne die die erforderliche Schwanzhöhe optisch nicht zu erreichen ist. Es werden auch immer noch Hähne gezeigt, die eine zu kurze und teils abkippende Schwanzpartie aufweisen. Sie können maximal 92 Punkte erhalten. Wie der Kamm eines Deutschen Zwerg-Wyandotten-Hahnes aussehen soll, ist allgemein bekannt. Trotzdem sind typische Kämme auch bei den gescheckten Hähnen sehr selten. Viele sind zu groß und grob, der Vorderkamm zu wenig gefüllt (Kammmulde). Teils ist der Dorn zu kurz oder folgt nicht der Nackenlinie. Diese Mängel müssen bei der Bewertung strenger als bisher beanstandet werden. Vor allen Dingen müssen aber die Züchter bei der Wahl des Zuchthahnes und der Zuchthenne stärker hierauf achten.

Die gescheckten Hennen sollen eine über den ganzen Körper verteilte gleichmäßige zarte Zeichnung zeigen. Sie darf auch etwas intensiver sein, wenn sie gleichmäßig verteilt ist. Leider haben auch heute noch viele Hennen eine zu starke Kopfzeichnung. Grobe Zeichnung findet sich teils auch auf den Flügeldecken und im Schwanzabschluss. Reinweiße Schwingen sind bei den gescheckten Hennen nicht zulässig und gelten als grober Fehler. In der Größe und im Typ entsprechen die meisten Hennen den gestellten Anforderungen.

Die Lauffarbe wird bei beiden Geschlechtern intensiv gelb verlangt. Bei den Hennen sind aber kleine schwärzliche Flecken an den Läufen und Zehen zulässig und dürfen daher nicht bestraft werden. Die Schnäbel sollen kurz sowie kräftig und gelb sein.

Die Schwarz-Weißgescheckten gehören zu den Farbenschlägen mit mittlerer Häufigkeit.

Braun-Gebändert

Hahn: Gleichmäßig sattgoldbraun. Verdeckte schwarze Einlagerungen in Form und Art der Hennenzeichnung im Halsbehang. Wenige sichtbare schwarze Einlagerungen im Halsbehang, auf Flügeln und Schenkeln gestattet. Untergefieder am Beginn der Feder sattbraun, im Übrigen schwarzgrau. Der Kiel jeder Feder sattgoldbraun.

Henne: Satthellbraun von durchweg gleichmäßiger Tönung. Der Kiel jeder Feder goldbraun. Zeichnung von außen nach innen mit der Federform folgender, breiter, satthellbrauner und schmaler, intensiv schwarzer Bänderung. Handschwingen braun mit schwarzer Einlagerung. Armschwingen hellbraun mit Zeichnung. Die

Grobe Fehler:
Bei beiden Geschlechtern: Lehmige oder graubraune Grundfarbe; schwarzer Federkiel; Weiß in Schwingen oder Schwanz; *bei der Henne* verwaschene oder fehlende Zeichnung; starke Unausgeglichenheit im Gesamtfarbenbild.

großen Schwanzdeckfedern wie das Körpergefieder gezeichnet. Steuerfedern schwarz mit braunem Außenrand. Untergefieder graubraun.

Lauf- und Schnabelfarbe gelb.

1906 wurden durch den Frankfurter Züchter K. Huth die ersten rebhuhnfarbigen Zwerg-Wyandotten aus England eingeführt. Erstmalige Schaupräsenz in Deutschland erlangten sie 1910, als der Wixhausener Züchter Peter Dietz III. Tiere ausstellte, die in Farbe und Zeichnung schon sehr ansprechend wirkten und dementsprechend schnell Anklang fanden. Bei der 2. Kriegs-Zwerghuhnschau in Berlin standen bereits 54 Tiere, die zu großen Hoffnungen berechtigten. So vertrat Dürigen 1921 die Meinung, es scheine, die Zwerg-Wyandotten würden jetzt, nachdem die ersten vor 15 Jahren erschienen seien, im Zwergenreich einen ähnlichen Siegeszug antreten wollen wie seinerzeit die großen Wyandotten im Bereich der Wirtschaftsrassen, allen Farbenschlägen voran der rebhuhnfarbige. Sie waren nach Arnold Becker die farbschönsten Tiere bei unseren Schauen jener Zeit überhaupt. Damals betrieb man die Zucht nach englischem Vorbild als Zweistammzucht mit goldhalsigen bzw. rebhuhnfarbigen Hähnen und braungebänderten Hennen. Da jedoch die Zweistammzucht mit sehr großem Aufwand verbunden war, entschied man sich schließlich zur Einstammzucht und es entstanden die Farbenschläge „Braun-Gebändert" als ehemalige Hennenzuchtlinie und „Rebhuhnfarbig" (heute Goldhalsig) als ehemalige Hahnenzuchtlinie.

1,0 Deutsche Zwerg-Wyandotten, braun-gebändert (G. Sinn, Ilvesheim)

Wichtig bei den Braun-Gebänderten ist, dass die Farbe Glanz und Wärme ausstrahlt. Nur auf einem solchen Hintergrund kann sich die Zeichnung klar und eindrucksvoll abheben. Die Musterbeschreibung verlangt ein helles Braun, das vielfältige Farbabstufungen zulässt. Am wirkungsvollsten ist ein hellgoldbrauner Ton, am besten einer frisch aus der Schale genommenen Haselnuss vergleichbar. Weitere Forderungen sind verdeckte schwarze Einlagerungen im unteren Teil des Halsbehangs. Wenige sichtbare schwarze Einlagerungen im Halsbehang, auf Flügeln und Schenkeln sind gestattet.

Die Zeichnung besteht aus schwarzen, lackreichen Bändern, die abwechselnd um die äußere Form der Feder verläuft. Auch der Halsbehang muss von dieser Federzeichnung seiner Struktur entsprechend geziert sein.

Selbstverständlich wird ein solches Federkleid in den verschiedenen Beleuchtungen auf den Besucher unterschiedliche Wirkungen ausüben – ein Grund für die große Schwierigkeit bei der Bewertung. Am beständigsten ist dieser Lichteffekt bei der Henne, wenn sie – neben dem Faktor für die Zeichnung – ein reiches Reservoir an solchen leuchtenden Farbstoffen besitzt. Daher kommt dem Hahn als dem Lieferanten dieser Farbe, der aber auch die Anlage der geforderten Zeichnung vererbt, eine besondere Bedeutung zu. Er hat sich in seiner ganzen farblichen Gestalt nach den für die Henne geltenden Prinzipien zu richten und alle diese Faktoren genetisch gefestigt in sich zu vereinigen.

Um also der Musterbeschreibung entsprechende Hennen zu züchten, muss der Hahn die geforderten Bedingungen in ausreichendem Maße besitzen. So werden beim Hahn die bekannten drei Farbabstufungen 1. Oberfarbe, 2. Unterfarbe, 3. Grundfarbe = Untergefieder verlangt. Sattgoldbraun herrscht also vor, auch bei der Henne. Es ist dies ein Farbton, der dem einer frischen, vom Fruchtfleisch befreiten Kastanie ähnlich ist. Selbstverständlich sind Abstufungen zulässig; doch sind Extreme, z. B. dunkles Rotbraun sowie eine lehmige oder graubraune Grundfarbe, abzulehnen. Es bleibt dem Züchter überlassen, je nach dem Stand seiner Zucht – dies sagt ihm am besten die Farbe seiner Hennen – zwischen den verschiedenen Farbvariationen zu wählen. Ziel ist der warme, lackreiche Braunton. Bei der Henne wird dieser noch durch das graubraune Untergefieder betont.

0,1 Deutsche Zwerg-Wyandotten, braun-gebändert (G. Sinn, Ilvesheim)

Das untere Drittel der Feder sei, an der Federwurzel beginnend, sattbraun, das äußere Drittel nach dem Federende zu gleichfalls sattgoldbraun mit intensivem Glanz. Das mittlere Drittel sei sattschwarzgrau. Analog ist auch die Dreiteilung der Hennenfeder. Besonders wichtig ist die intensiv goldbraune Farbe des Federkiels. Tiere, gleich ob Hahn oder Henne, die in der Kielfarbe nicht braun sind, sind für die Zucht meist untauglich, weil sie die unerwünschte graue Farbe vererben. Nur an dem braunen Federkiel ist zu erkennen, wie groß das Farbreservoir der Tiere ist; es kann gar nicht groß genug sein.

Auf dem hellbraunen Farbhintergrund kommt die exakte schwarz schillernde Hufeisenzeichnung als hervorstechendes Rassemerkmal besonders zur Geltung. Von außen nach innen wird es durch breite, satthellbraune und schmale, intensiv schwarze Bänder, die sich abwechseln, erzielt. Erhöht wird diese Wirkung noch durch ein saftiges, lackreiches Gefieder. Die Handschwingen erscheinen bei der Henne braun mit schwarzer Einlagerung, die Armschwingen hellbraun mit Zeichnung. Die großen Schwanzdeckfedern sind wie das Körpergefieder gezeichnet.

Den Farbabstufungen der Geschlechter entsprechend sind die Zuchtstämme zusammenzustellen. Wie grundsätzlich in der Zucht ist es nicht sinnvoll, ähnliche Tiere untereinander zu verpaaren; vielmehr ist stets das Prinzip der Ausgleichspaarung anzuwenden, um so zu verhindern, dass sich Fehler manifestieren und die zur weiteren Selektion notwendige Variationsbreite verloren geht.

Mit Nachdruck muss erwähnt werden, dass es vergleichsweise einfach ist, die gewünschte Zeichnung zu stabilisieren, dass es aber großer Geduld bedarf, die hierzu geforderte ausdrucksvolle und belebende Unterfarbe zu erzielen, die das Hennenkleid auszeichnen soll. Leider sehen die meisten Züchter und Betrachter nur die Zeichnung, ohne auf die sattbraune Farbe zu achten, auf der allein sich die gewünschte Hufeisenzeichnung kontrastreich abhebt. Dass bereits Tiere vorhanden sind, die dem Ideal der Musterbeschrebung sehr nahe kommen, zeigen die großen Ausstellungen immer wieder. Man begegnet häufig dem Einwand, dass die bei Schauen gezeigten Hennen teilweise nicht die volle Zeichnung zeigen. Das trifft insofern zu, dass die Tiere nicht immer ausgereift zur Schau gestellt werden, die wenigsten haben bereits die letzte Mauser hinter sich. Denn erst dann zeigt sich die vollendete Zeichnung.

Zur Züchtung einer vollendeten Schauhenne gehört der entsprechende Hahn, d. h., der Hahn muss in seiner Farbe so beschaffen sein, dass die nach der Musterbeschreibung geforderte Henne gezüchtet werden kann. Wichtigster Faktor in der Zucht der braun-gebänderten Zwerg-Wyandotten ist und bleibt der Hahn. Je einheitlicher dessen Farbe ist, desto besser seine Qualität. Ein Hahn mit schwarzer Brust oder sogar mit zusätzlicher brauner Federsäumung ist zur Zucht nicht geeignet.

Durch die Einstammzucht ist die Zucht der Braun-Gebänderten wesentlich vereinfacht und sicherer geworden. Sie stellen auch den Anfänger nicht vor unlösbare Aufgaben und zählen zu den Farbenschlägen mit mittlerer Häufigkeit.

Die Braun-Gebänderten gehören zu den Farbenschlägen mit mittlerer Häufigkeit.

Goldhalsig
(ehemals Rebhuhnfarbig)

Hahn: Kopf dunkelgoldfarbig. Hals- und Sattelbehang goldgelb mit breiten schwarzen Schaftstrichen und Federkielen. Rücken und Schultern leuchtend karminrot. Größere Flügeldeckfedern (Binden) grün glänzend schwarz. Handschwingen schwarz mit braunem Außenrand. Armschwingen innen schwarz, außen braun, das goldene Flügeldreieck bildend. Kehle, Brust, Bauch und Schenkel schwarz. Schwanz grün glänzend schwarz.

Henne: Halsbehang wie beim Hahn. Körpergefieder dunkles Graubraun mit feiner schwarzer Rieselung, jedoch ohne Säumung und möglichst auch ohne helle Nervzeichnung.

Lauf- und Schnabelfarbe gelb.

Bei den Goldhalsigen handelt es sich um die Hahnenzuchtlinie der ehemaligen Rebhuhnfarbigen. Bezeichnete man sie zunächst

1,0 Deutsche Zwerg-Wyandotten, goldhalsig (R. Weiland, Rodgau)

0,1 Deutsche Zwerg-Wyandotten, goldhalsig (J. Frick, Mühlheim)

entsprechend der heutigen Benennung als „goldhalsig", entschied sich der Vorstand des SV anlässlich der Sonderschau 1947 in Offenbach-Bieber für die Bezeichnung „Rebhuhnfarbig", bis schließlich die im Rahmen der Wiedervereinigung Deutschlands erfolgte Anerkennung der Rebhuhnfarbig-Gebänderten 1992 zur erneuten Namensänderung in „Goldhalsig" führte.

Grobe Fehler:
Beim Hahn: Braun in den schwarzen Gefiederteilen, zu roter Hals- und Sattelbehang, durchstoßender Schaftstrich, Schilf im Schwanz, schwarzes Flügeldreieck.
Bei der Henne: Bänderung, starke Säumung, sehr helle oder lachsfarbige Brustfarbe, fehlender oder durchstoßender Schaftstrich im Halsbehang.

Die Goldhalsigen zählen zu den wirtschaftlichsten Farbenschlägen der Deutschen Zwerg-Wyandotten. Sie sind ausgezeichnete Leger großer Eier, sehr fruchtbar, geeignet für verschiedenste Haltungsbedingungen und zudem zutraulich. Die Aufzucht der Küken bereitet keine Schwierigkeiten, da sie widerstandsfähig und z. T. auch wegen der häufigen Einkreuzungen bis heute vital geblieben sind. Zeitweise waren sie sehr selten und nur wenige Züchter, unter ihnen Peter Dietz, Wixhausen, sowie die Zuchtfreunde Koch, Wienhold und Fetzer, hielten ihnen die Treue. Seit etwa 1971/72 haben sie jedoch in Quantität und Qualität bedeutende Fortschritte gemacht. Und dieser Trend scheint anzuhalten.

Mitunter sind besonders die Hähne noch zu groß, auch lassen die Binden noch zu wünschen übrig; zu beanstanden ist auch das zu starke Rot der Flügeldecke, ferner der durchstoßende Schaftstrich. Doch sind die Tiere in der Farbe allgemein recht gut, ebenso ihr Farbkontrast. Um ein reingezeichnetes Mantelgefieder der Henne zu erhalten, müssen Brust- und Aftergefieder von jeder braunen Säumung frei sein.

Auch die Goldhalsigen gehören zu den Farbenschlägen mit mittlerer Häufigkeit.

Silberhalsig

Hahn: Kopf silberweiß, Hals- und Sattelbehang silberweiß mit breiten, schwarzen Schaftstrichen. Rücken, Schultern und Flügeldecken silberweiß. Handschwingen schwarz mit weißem Außenrand. Armschwingen Innenfahne schwarz, Außenfahne weiß, das Flügeldreieck bildend.

Größere Flügeldeckfedern (Binden) grün glänzend schwarz. Schwanz grün glänzend schwarz. Brust, Bauch, Schenkel und Aftergefieder reinschwarz.

Henne: Kopf silberweiß, Halsbehang silberweiß mit breiten, schwarzen Schaftstrichen und schwarzen Federkielen. Körpergefieder mit silbergrauer Grundfarbe und feiner, dichter schwarzer Rieselung, möglichst ohne silbrigen Federrand und Nervzeichnung. Leicht aufgehellte Oberbrust vorerst gestattet. Bedingt durch die dichte Rieselung erscheint das Gesamtbild als dunkelste Variante der silberhalsigen Zeichnungsart. Untergefieder grau.

Lauf- und Schnabelfarbe gelb.

Bei den Silberhalsigen handelt es sich um die einstige Hahnenzuchtlinie der silberfarbig-gebänderten (dunklen) Zwerg-Wyandotten. Lange Zeit waren sie bei keiner Ausstellung zu sehen. Sie wurden jedoch in aller Stille von einigen wenigen Züchtern erhalten. Besonders zu nennen ist hier der Zuchtfreund Rudolf Crössmann aus Pfungstadt. Zielstrebig gingen diese Züchter daran, die Silberhalsigen wieder stärker unter Züchtern und Liebhabern zu verbreiten. Für die Zucht machten sie sich dabei auch den Vorteil der dominanten, geschlechtsgebundenen Vererbung des Silberfaktors zunutze. Um die Zuchten auf eine breite Basis zu stellen, wurden goldhalsige Deutsche Zwerg-Wyandotten und auch falsch gefärbte Silberfarbig-Gebänderte eingekreuzt. Beim Hahn gibt es nur zwei Farben, Schwarz und Weiß. Andere Farben oder Farbtönungen sind nicht gestattet.

Inzwischen können bei den Silberhalsigen sehr hohe Ansprüche an die Form gestellt werden und auch mit der Verbreitung geht es stetig bergauf, sodass sie mittlerweile zu den Farbenschlägen mit mittlerer Häufigkeit gezählt werden können.

Grobe Fehler:
Beim Hahn: Gelber Anflug; Braun in Rücken, Schultern und Flügeldecken; Zeichnung in Brust und Schenkeln; helles Aftergefieder; durch weiße Federkiele unterbrochene, fehlende oder durchstoßende Schaftstrichzeichnung; unreines Flügeldreieck; Schilf. *Bei der Henne:* Zu helle Grundfarbe, durch weiße Federkiele unterbrochene Schaftstrichzeichnung; zu grobe oder bänderungsartige Rieselung; starke, silbrige Federsäumung; stark hell abgesetzte oder lachsfarbige Brust; Rost im Gefieder; Schilf.

1,0 Deutsche Zwerg-Wyandotten, silberhalsig (K.-H. Cezanne, Rüsselsheim)

0,1 Deutsche Zwerg-Wyandotten, silberhalsig (J. Fay, Neuenhein)

Orangehalsig

Hahn: Kopf, Hals- und Sattelbehang orangefarbig mit schwarzem Schaftstrich; Kopf im Orangeton am dunkelsten. Rücken, Schultern und Flügeldecken sattorangerot. Armschwingen innen schwarz, außen blassgelb, bei zusammengelegtem Flügel ein reines blassgelbes Flügeldreieck bildend. Handschwingen schwarz mit gelblich weißem Außenrand. Flügelbinden und Schwanz grün glänzend schwarz. Brust, Bauch und Schenkel reinschwarz.

1,0 Deutsche Zwerg-Wyandotten, orangehalsig (K. Hummelmeier, Braunschweig)

Grobe Fehler:
Beim Hahn: Zeichnung auf Brust und Schenkeln; zu dunkelrot auf Rücken und Flügeldecken; viel Braun im Flügeldreieck; fehlende, durchbrochene oder durchstoßende Schaftstrichzeichnung. *Bei der Henne:* Zu dunkle Grundfarbe, starke Säumung oder Ansatz zur Bänderung; stark aufgehellte Brustfarbe und -zeichnung; lachsfarbige Brust; durchstoßende oder durchbrochene Halszeichnung.

Henne: Kopf und Halsbehang zartorange bis strohgelb mit schwarzem Schaftstrich. Mantelgefieder hellbraun mit feiner schwarzer Rieselung, möglichst ohne Säumung und Nervzeichnung.

Lauf- und Schnabelfarbe gelb.

Dieser genetisch aufgehelltes Gold repräsentierende Farbenschlag wurde von Rudolf Wenzl, Neuenrade, erzüchtet und im Jahre 1992 vom BZA anerkannt. War er zunächst extrem selten, ist mittlerweile jedoch ein Aufwärtstrend erkennbar.

0,1 Deutsche Zwerg-Wyandotten, orangehalsig (H. Brummer, Steyerberg)

Silberfarbig-Gebändert
(ehemals Dunkel)

Hahn: Kopf silberweiß. Hals- und Sattelbehang silberweiß mit schwarzem Schaftstrich, der im oberen Teil der Feder am Kiel entlang beidseitig durch Weiß unterbrochen wird. Vorderhals, Brust, Bauch und Schenkel schwarz mit weißer Säumung. Rücken, Schultern und Flügeldecken silberweiß. Die größeren Flügeldeckfedern (Binden) grün glänzend schwarz, weißer Saum gestattet. Armschwingen Innenfahne schwarz, Außenfahne weiß, das Flügeldreieck bildend. Handschwingen schwarz mit weißem Außensaum. Schwanz grün glänzend schwarz, weißer Federrand im Deckgefieder gestattet. Untergefieder grau.

Henne: Kopf silberweiß bis silbergrau; Halsbehang silberweiß bis silbergrau mit mehrfacher schwarzer Zeichnung, ähnlich der des Körpergefieders mit breitem, weißem Schmucksaum. Körpergefieder silbergrau bis stahlgrau mit mehrfacher, der Federform folgender, schwarzer Bänderung und dunklem Federkiel. Schenkelgefieder klar gezeichnet. Armschwingen Innenfahne schwarz, Außenfahne silbergrau mit gebänderter Zeichnungsanlage. Handschwingen schwarz mit meliertem Außenrand. Schwanz schwarz, Steuerfedern mit angedeuteter Zeichnung. Untergefieder silbergrau.

Lauf- und Schnabelfarbe gelb, bei der Henne einzelne dunkle Schuppenränder gestattet; grauer Schnabelfirst gestattet.

1,0 Deutsche Zwerg-Wyandotten, silberfarbig-gebändert (dunkel) (H. Funke, Melle)

Grobe Fehler:
Beim Hahn: Gelber Anflug; Braun im Gefieder; nicht unterbrochener oder durchstoßender Schaftstrich in den Behängen; fehlende oder zu klatschige Säumung auf Brust, Bauch und Schenkeln; Schilf. *Bei der Henne:* Braune Farbtöne im gesamten Gefieder; einfache und nicht unterbrochene Halszeichnung; verschwommene oder moosige Zeichnung, weißes Untergefieder.

Bei diesem Farbenschlag handelt es sich um die Silbervariante der Wildfarbe mit mehrfacher schwarzer Säumung. Die Rieselung und die Schaftstriche der Silberwildfarbe sind hier durch einheitliche blaugraue bis stahlgraue Hauptfarbe ohne Lachsbrust bei der Henne verdrängt.

Bei den Hähnen spricht man von silberhalsig mit silberweißen Einlagerungen im Schwanz sowie schieferfarbigem Untergefieder. Da diese Färbung zuerst bei den Brahma bekannt war und diese bei der Erzüchtung der „dunklen“ Zwerg-Wyandotten auch Pate gestanden haben, nannte man sie im Gegensatz zu deren hellen Farbenschlag schlicht dunkel.

Als Herauszüchter gilt der aus Berlin-Mariendorf stammende Züchter Franz Glasser, der für seine Kreation neben einem klein gebliebenen Hahn der Großrasse und Tieren der Farbenschläge Silber-Schwarzgesäumt, Weiß und Rebhuhnfarbig weiterhin dunkle Zwerg-Brahma und gestreifte Zwerg-Plymouth Rocks verwendete. Erstmals gezeigt wurde ein Stamm der neuen Züchtung 1917 in Leipzig.

Silberfarbig-gebänderte Deutsche Zwerg-Wyandotten gelten als ein besonders frühreifes Zwerghuhn, das nach viereinhalb Monaten mit dem Legen einer stattlichen Anzahl hellbrauner Eier mit etwa 40 g Gewicht beginnt. Nicht zuletzt auch deshalb hat sich der Züchterkreis in der Vergangenheit stetig erweitert. Heute sind einhundert Tiere bei Großschauen und die doppelte Anzahl bei Spezialschauen keine Seltenheit mehr. Innerhalb der Zwerg-Wyandotten gehören sie zu den häufigeren Farbenschlägen, wenngleich der Bestand derzeit rückläufig ist.

Dass ein silberfarbig-gebänderter Deutscher Zwerg-Wyandotten-Hahn mit der diesem Farbenschlag eigenen harten, festen Feder anders als zum Beispiel ein weißer, schwarzer oder auch gelber Hahn wirkt, ist jedem Kenner der Zwerg-Wyandotten klar. Allgemeinrichter seien hierauf nochmals besonders hingewiesen, denn oft vergleicht man die Silberfarbig-Gebänderten sowie auch andere gesäumte Deutsche Zwerg-Wyandotten mit den oben genannten, weichfiedrigeren Farbenschlägen, was dann ungerechtfertigt zu niedrigen Bewertungen führen kann.

Die Hauptfarbe des Hahnes ist Schwarz. Diese Farbe überwiegt und verteilt sich vom Hals vorne über die Brust, das Bauchgefieder und Aftergefieder bis zum Schwanzgefieder. Die Halsfedern sowie die Brustfedern sollten bis zu den Schenkeln zartweiß und gleichmäßig gesäumt sein. Diese Säumung sollte sich besonders in der Brustfeder als ausgeglichenes Säumungsbild darstellen, ohne zu viel Weißkonzentration auf einer Stelle; es würde dann leicht ein unschönes klatschiges Brustfarbbild entstehen.

Die Flügeldeckfedern sind schwarz und bis zu den Binden stark weiß gesäumt, wodurch nach außen eine geschlossene silberweiße Flügeldecke erscheint. Die Arm- und Handschwingen sind innen schwarz, die Außenfahnen jedoch reinweiß; diese bilden bei zusammengelegten Schwingen das klar begrenzte Flügeldreieck.

Das Hals- und Sattelgefieder ist silberweiß mit grün glänzendem schwarzem Schaftstrich, der im oberen Teil der Feder am Kiel entlang beidseitig durch Weiß unterbrochen wird. Letzterem schenkt der Züchter besondere Beachtung, da diese Schaftstrichunterbrechung von durchschlagender Bedeutung für die zu erwartende Hennenzeichnung gilt. Ein zusätzlicher schwarzer Vorsaum im Hals- und Sattelbehang gilt als ungünstige Voraussetzung für die Vererbung der Hennenhalsfarbe und wird verworfen.

Der intensive Grünlack auf den Deckfedern im Bindenbereich und auf den Schwanzdeckfedern rundet das harmonische Farbbild des Mantelgefieders beim Hahn ab. Das Untergefieder ist bei beiden Geschlechtern grau; weißes Untergefieder gilt als grober Fehler.

Die Farbe der Henne ist im Kopf und Halsbehang silberweiß bis silbergrau, Letzterer mit mehrfacher schwarzer Zeichnung, ähnlich der des Rumpfes, und breitem weißem Schmucksaum bei jedoch durchgehendem Schaftstrich. Brust, Rücken und

0,1 Deutsche Zwerg-Wyandotten, silberfarbig-gebändert (dunkel) (H. Funke, Melle)

Seiten sind blaugrau bis stahlgrau mit mehrfacher schwarzer Zeichnung, die der Federform folgt. Diese soll auch noch auf dem Schenkelgefieder gut sichtbar und klar begrenzt sein.

Die Federkiele der breit angestrebten Deckfedern sollten nicht weiß sein, sondern möglichst mit der Grundfederfarbe übereinstimmen. Die Armschwingen haben innen schwarze und außen graue Federfahnen, die schwarze Bänderung zeigen. Die Handschwingen sind schwarz mit weiß meliertem Außenrand. Die Schwanzfedern sind ebenfalls schwarz, wogegen die zwei großen Schwanzdeckfedern am Rand gezeichnet sind.

Das Untergefieder ist grau. Es sollte rein und leuchtend sein. Entscheidend ist die Vererbung von ausreichendem Farbstoff durch den Hahn. Denn um eine reine, rußfreie Mantelgefiederfarbe bei den Hennen zu erzielen, ist ein schieferblaues Untergefieder der Hähne notwendig.

Bei den Hennen wird, wie bei den Hähnen, eine gelbe Lauffarbe verlangt. Durch die Frühreife, speziell der silberfarbig-gebänderten Hennen, die bei normaler Fütterung nach viereinhalb Monaten mit dem Legen beginnen, verliert sich die anfänglich intensiv gelbe Lauffarbe jedoch schnell. Einige Zuchten haben hier schon durch den gezielten Einsatz von Hennen, die ihre Lauffarbe trotz frühen Legens etwas länger behalten, Erfolge erzielt. Die Lauffarbe wird beim Hahn noch durch den orangeroten „Temperamentsstrich" farblich unterstützt. Die Krallenfarbe der gut gespreizten Zehen ist wie der Schnabel hornfarbig.

Wer erfolgreich ausstellen will, wird nicht umhin kommen, mehrere Bruten im Jahr durchzuführen, um die Hennen zum jeweiligen Schautermin mit Top-Lauffarbe zu zeigen. Bei den Hähnen gibt es derlei Probleme im Normalfall nicht, es sei denn, die Tiere zeigen keine Kondition. Hier werden in jedem Fall harte Maßstäbe angelegt. Oft gibt hier schon die Augenfarbe als Barometer des Wohlbefindens Aufschlüsse über Kondition und Vitalität.

Die Silberfarbig-Gebänderten gehören zu den häufigen Farbenschlägen der Deutschen Zwerg-Wyandotten.

Weiß-Schwarzcolumbia
(ehemals Hell)

Hahn und Henne fast übereinstimmend gezeichnet. Kopf reinsilberweiß. Halsbehang mit breitem, tiefschwarzem, grün glänzendem Schaftstrich mit silberweißem Saum. Die Zeichnung hoch hinauf reichend (mindestens Dreiviertel des Halsbehanges) und sich am Vorderhals schließend und so den Kragenschluss bildend. Die Federn des Oberrückens unter dem Halsbehang zeigen schwarze Tropfenzeichnung. Beim Hahn leichte Zeichnung des Sattels gestattet. Das Kissen der Henne immer reinweiß. Der Schwanz des Hahnes reinschwarz mit grünem Glanz. Kleine Sichelfedern des Hahnes und die Schwanzdeckfedern der Henne weiß gesäumt. In den Hauptsicheln des Hahnes und den großen Schwanzdeckfedern der Henne weiße Säumung gestattet. Handschwingen schwarz mit weißem Außenrand. Armschwingen innen schwarz, außen weiß, sodass der zusammengelegte Flügel weiß erscheint. Das übrige Gefieder reinsilberweiß. Untergefieder grau.

Lauf- und Schnabelfarbe gelb.

Grobe Fehler:
Beim Hahn: starker, *bei der Henne:* jeglicher gelber Anflug; schwarze Federn im Rücken; viel Weiß im Schwanz junger Hähne; zu wenig Schwarz in den Handschwingen; durchstoßende oder schwache, nur punktartige Halszeichnung; gänzliches Fehlen des Farbstoffes im Flaumgefieder.

1,0 Deutsche Zwerg-Wyandotten, weiß-schwarzcolumbia (hell) (J. v. Sehlen, Northeim)

0,1 Deutsche Zwerg-Wyandotten, weiß-schwarzcolumbia (hell) (J. v. Sehlen, Northeim)

Die „hellen" Zwerg-Wyandotten entstanden in der Zeit während und nach dem Ersten Weltkrieg. Der bekannte Züchter Franz Glasser, Berlin-Mariendorf, kreierte auch diesen herrlichen Farbenschlag. Aus den in Größe und Form recht unterschiedlichen und farblich vielfach nicht ansprechenden Tieren der 30er-Jahre des letzten Jahrhunderts entwickelte sich unter der zielstrebigen Obhut des im Jahre 1952 gegründeten SV ein beachtlicher Zuchtstand.

Wenn auch heute noch ab und zu etwas zu starke Tiere auftreten, so ist das Zuchtziel in Bezug auf Form, Farbe und Federwerk doch weitgehend erreicht.

Hinsichtlich der Form können dieselben Forderungen, wie sie auch für die einfarbigen Farbenschläge heute gelten, gestellt werden.

Da der Hahn 50% des Zuchtstammes ausmacht, ist wichtig, dass besonders er alle Forderungen der Musterbeschreibung in Bezug auf Farbe und Zeichnung voll erfüllt: Das silbrige Weiß des Mantelgefieders muss frei von gelbem Anflug sein. Etwas Sattelzeichnung ist zugelassen, sie darf jedoch nicht verblasst sein oder gar bräunlich scheinen. Das Aschgrau des Untergefieders, das Tiefschwarz der Schwingen und der Tropfenzeichnung sind die unerlässlichen Farbstoffreserven. Der Kopf ist reinsilberweiß; der Halsbehang tritt durch einen breiten, tiefschwarzen, grün glänzenden Schaftstrich mit silberweißem Saum in Erscheinung. Die Zeichnung reicht mindestens Dreiviertel des Halsbehanges hinauf, schließt sich am Vorderhals und bildet so den Kragenschluss. Die Schwingen sind schwarz mit weißer Außenfahne, sodass der zusammengelegte Flügel weiß erscheint. Beide Geschlechter dieses Farbenschlages sind fast übereinstimmend gezeichnet. Bei der Henne sollte auf ein reinweißes Kissen geachtet werden. Der kurze, volle Schwanz des Hahnes ist reinschwarz mit grünem Glanz; kleine Sichelfedern des Hahnes und die Schwanzdeckfedern der Henne sind weiß gesäumt. Bei jungen Hähnen gilt viel Weiß im Schwanz als grober Fehler. Obwohl das Farbbild des Gefieders bereits hohe Anforderungen an den Züchter stellt, können weder bezüglich der Lauffarbe noch der Farbe des Kammes, des Gesichtes oder der Kehllappen Zugeständnisse gemacht werden. Die goldgelben Läufe und die erdbeerroten Fleischteile von Kamm, Gesicht und Kehllappen runden das prächtige Farbenbild dieses Farbenschlages ab. Verblassung an diesen Stellen deutet meist auf Krankheit und mangelnde Kondition hin.

„Helle“ Deutsche Zwerg-Wyandotten empfehlen sich auch als Leistungshühner. Hinsichtlich Legeleistung und Eigewicht zählen sie zu den wirtschaftlichsten Zwerghühnern; die Brustlust ist gering. Innerhalb der Deutschen Zwerg-Wyandotten gehören sie zu den häufigeren Farbenschlägen.

Gelb-Schwarzcolumbia

Hahn und Henne fast übereinstimmend gezeichnet. Kopf reingelb. Halsbehang mit breitem, tiefschwarzem grün glänzendem Schaftstrich und gelbem Saum. Die Federn des Oberrückens zeigen schwarze Tropfenzeichnung. Sattel des Hahnes mit angedeuteter Zeichnung. Kissen der Henne reingelb. Schwanz schwarz, kleine Sichelfedern des Hahnes und Schwanzdeckfedern der Henne gelb gesäumt. In den Hauptsicheln des Hahnes und den großen Schwanzdeckfedern der Henne gelbe Säumung gestattet. Handschwingen schwarz mit gelbem Außenrand. Armschwingen innen schwarz, außen gelb, sodass der zusammengelegte Flügel gelb erscheint. Übriges Gefieder reingelb. Untergefieder grau.

Lauf- und Schnabelfarbe gelb.

Der Erzüchter dieses aparten Farbenschlages ist Karl Nimmich, Wolfenbüttel. Als Ausgangstier wurde ein weißer Zwerg-

Grobe Fehler:
Stark rötliche Oberfarbe (leichter rötlicher Ton auf den Flügeldecken der Hähne gestattet); schwarze Federn im Rücken; viel Gelb im Schwanz junger Hähne; zu wenig Schwarz in den Handschwingen; durchstoßende oder schwache, nur punktartige Halszeichnung; gänzliches Fehlen des Farbstoffes im Flaumgefieder; Schilf.

1,0 Zwerg-Wyandotten, gelb-schwarzcolumbia (E. Schmidt, Schlitz)

Wyandotten-Hahn mit Gold im Hals und Sattelbehang verwendet. An diesen Hahn wurden drei weiß-schwarzcolumbiafarbene Zwerg-Wyandottenhennen gepaart. In der Nachzucht zeigte sich äußerlich noch nichts von der gewünschten Gelb-Columbia-Farbe. Erst als in der 3. Generation eine Geschwister-Paarung vorgenommen wurde, fielen die ersten Hennen im gewünschten Farbbild. Im weiteren Verlauf der Zucht ergab die Nachzucht immer nur Hennen, aber nicht einen Hahn in der Columbiafarbe. Erst als ein gelber Zwerg-Wyandotten-Hahn an die nun schon vorhandenen gelb-columbiafarbigen Hennen gepaart wurde, fielen schon in der 1. Generation gelb-columbiafarbige Hähne.

Bis auf die geschlechtsgebundenen geringen Abweichungen tritt bei Hahn und Henne eine Übereinstimmung in der Farbe und Zeichnung auf. Der Kopf besticht bei der Henne in einem reingelben Farbton, ebenso das Kissen. Das Schwarz tritt sichtbar im Halsbehang mit breiten, tiefschwarzen, grün glänzenden Schaftstrichen und gelber Säumung in Erscheinung, die mindestens drei Viertel des Halsbehangs bedecken sollen. Diese Zeichnung stößt beiderseits im Halsbehang an der Oberbrust zusammen und bildet so den Kragenschluss. Sonst findet sich sichtbares Schwarz in den kleinen Sicheln des Hahnes und korrespondierend in den Schwanzdeckfedern der Henne mit feiner, gelber Säumung. Die Steuerfedern beider Geschlechter aber sollen immer tiefschwarz sein. Gerade in dieser Beziehung fehlt es noch bei vielen Tieren.

Die Innenfahnen der Schwingen zeigen viel sattes Schwarz, die Außenfahnen sind gelb, sodass der geschlossene Flügel gelb erscheint. Die Tropfenzeichnung findet sich in den Federn des Oberrückens und verdeckt unter dem Halsbehang. Das Untergefieder soll grau sein. Dieser Farbton ist ein wichtiger Faktor für die Intensität der gelben Farbe.

0,1 Deutsche Zwerg-Wyandotten, gelb-schwarzcolumbia (D. Sakel, Northeim)

Die heute betriebene Einstammzucht lässt eine leichte Zeichnung des Sattels beim Hahn zu. Diese Sattelzeichnung unterstützt die Deckfederzeichnung bei den Hennen, was den besonderern Reiz dieser Zeichnung ausmacht. Kein verwaschenes Schwarz mit unscharfen Rändern, keine Auflockerung im inneren Federfeld, sondern ein tiefes, glanzreiches Schwarz mit angedeuteter Zeichnung.

Für die Zusammenstellung des Zuchtstammes lässt sich nur schwer ein allgemein gültiges Rezept geben. Entscheidend ist, Ausgleichspaarungen zwischen Hahn und Henne bezüglich Form und Farbe durchzuführen, wobei beim Hahn der größte Wert auf die Farbe gelegt werden muss. Ein Hahn mit reichlich Sattelzeichnung passt nicht zu einer Henne mit tiefschwarzem Untergefieder und sichtbarer Rieselung im Mantelgefieder, wenngleich man auch auf derart überzeichnete Hennen nicht völlig verzichten kann. Ebenso sind die Kenntnis der genauen Abstammung und viel Fingerspitzengefühl die Voraussetzungen für eine erfolgreiche Zucht.

Was die Größe angeht, gibt es bei beiden Geschlechtern keine Probleme. Den Körperbau könnte noch gestreckter (im Verhältnis 3:2) sein, um einem Dreieckstyp mit zu kurzem Rücken vorzubeugen. Auch wären noch mehr Breite in Stand und Rücken, vor allem in der Schwanzpartie, von Vorteil. Mehr Steigung in der Rückenlinie, mit dem höchsten Punkt im Abschluss, ist ein weiteres Zuchtziel.

An die Augen- und Lauffarbe sowie an die Form und Beschaffenheit des Kammes können bereits hohe Anforderungen gestellt werden. Was die Farbe und Zeichnung angeht, wurde von den Züchtern in den letzten Jahren viel geleistet. Selten sind fleckige und zu dunkle Tiere. Beim Hahn muss auf die Schwarz-Reserven geachtet werden, auch eine gleichmäßige (und nicht zu helle) Brustfarbe ist wichtig, um eine gleichmäßige Mantelfarbe der Henne zu erreichen. Bei den Hennen gilt als weiteres Zuchtziel die korrekte Steuerfeder- und Deckfedersäumung.

Positiv ist auch die Legeleistung. Frohwüchsigkeit, Vitalität und schnelle Befiederung sind weiterere Pluspunkte. Derzeit ist der Bestand gesichert, mit steigender Tendenz.

Der Farbenschlag gehört zu den häufigeren Varianten der Deutschen Zwerg-Wyandotten.

Silber-Schwarzgesäumt
(ehemals Silber)

Hahn: Kopf und Halsbehang reinweiß mit schwarzem Schaftstrich, der im oberen Teil der Feder am Kiel entlang durch die Zeichnungsfarbe Weiß unterbrochen wird und am Federaußenrand einen weißen Schmucksaum zeigt; Sattel- wie Halsbehang. Brust weiß, von der Kehle bis zu den Schenkeln jede Feder mit gleichmäßig breitem schwarzem Saum umfasst. Rücken und Flügeldecken weiß mit eingelagerter, pfeilspitzartiger, schwarzer Säumung. Reinweißer Rücken nicht erwünscht. Die größeren Flügeldeckfedern müssen rundum schwarz gesäumt sein und drei Binden bilden. Die Armschwingen, soweit von außen sichtbar, weiß mit schwarzer Säumung, Innenfahnen schwarz. Die Handschwingen haben schwarze bis dunkelgraue Innen- und weiße Außenfahnen. Die Schenkelfedern möglichst groß, breit und rundum schwarz gesäumt. Der Schwanz grün glänzend schwarz. Untergefieder dunkel. Das Aftergefieder erscheint äußerlich schwarz.

Henne: Im Kopf- und Halsgefieder setzt sich die Zeichnungsanlage des Mantelgefieders fort. Dazu ist jede Feder mit einem weißen Schmucksaum umgeben. Rücken, Flügel, Brust und Schenkel möglichst breite, runde, weiße Federn mit schmaler, gleichmäßiger, schwarzer Säumung. Schwingen wie beim Hahn; Steuerfedern schwarz; Untergefieder schwarz bis dunkelgrau. Aftergefieder erscheint äußerlich schwarz.

Lauf- und Schnabelfarbe gelb.

Mit der Verzwergung der „Silberfarbigen“ befasste sich wohl als Erster Franz

Grobe Fehler:
Beim Hahn: Zu rußige, unreine Oberfarbe (leicht gelber Anflug ist kein grober Fehler), zu dunkler Hals oder Kragen, Rost im Hals- oder Sattelbehang, einfarbige Schultern, Flügeldecken und Rücken, matter oder grauer Saum, fehlender Armschwingensaum, blockige, verschwommene Säumung, ausgeprägter spitzer oder Halbmondsaum, weiße Sicheln, graue Schenkel, helles Aftergefieder, zu helles, wolkiges Untergefieder. *Bei der Henne:* Schwarzer Kragen, Moos oder Pfeffer im weißen Federfeld (die letzten großen Schwanzdeckfedern jedoch ausgenommen), zu breite, stark lanzettförmige oder verdeckt wirkende Zeichnung, helles Aftergefieder, helles wolkiges Untergefieder.

Glasser, Berlin-Mariendorf. Die ersten Tiere zeigte er bei einer Berliner Ausstellung im Jahre 1917. Die Tiere waren typisch, doch war ihre Zeichnung mangelhaft. Neben Glasser kamen als weitere Züchter die Zfr. Weigel, Dresden, und Otto Dittert, Wetzlar, hinzu. Leider gaben alle drei die Zucht später wieder auf.

Unsere heutigen Silber-Schwarzgesäumten gehen auf Georg Schmidt jr., Mainbernheim, zurück. In einer mustergültigen Anlage zog er jährlich 150–200 Jungtiere auf, züchtete nach anfänglichen Misserfolgen mit 6–8 Zuchtstämmen, besaß selbst eine hervorragende Zucht der Großrasse und verfügte über ein ausgesprochenes Züchtertalent. 1924 hatte er begonnen, 1936 sein Ziel erreicht; 1938 war er gezwungen, seine Zucht aufzugeben. Nach dem Krieg baute er mit einer übrig gebliebenen Henne seiner eigenen Zucht den Bestand wieder auf.

Die Zucht der Silber-Schwarzgesäumten in Deutschland ist seit Jahrzehnten eine Einstammzucht auf Hennenbasis. Es gilt daher, nur mit solchen Hähnen zu züchten, von denen möglichst viele und einwandfreie Hennen zu erwarten sind. Deshalb sind die Zuchthähne mit besonderer Sorgfalt auszuwählen.

Die Feder selbst ist – wie bei allen Gesäumten – härter als bei den Einfarbigen. Durch eine weiche Feder würde der intensive Lack des Federsaumes leiden und wäre nur noch mehr oder weniger grauschwarz. Durch die härtere Feder aber können die Silber-Schwarzgesäumten nicht die füllige, abgerundete Form der Einfarbigen haben, namentlich nicht bei den einjährigen Tieren. Doch gilt die Form der Einfarbigen als Zuchtziel auch weiterhin; sie ist bei den Schwarzen meist vorbildlich.

Die größte Schwierigkeit liegt noch immer in der Festigung der richtigen Größe. Doch hat sich dies in den letzten Jahren erfreulich gebessert. Allzu milde Richterurteile sind daher nicht mehr zu verantworten.

Wert ist auch auf eine gute Augenfarbe zu legen. Gewünscht wird ein rubinrotes Auge. Bei der Bewertung der Augen möge man Milde walten lassen; extrem helle Augen sind jedoch zu strafen.

Trotz aller Schwierigkeiten ist der Zuchtstand erfreulich. Er steht jenem der Großrasse keineswegs nach. Die noch vor einigen Jahren vorhandenen länglichen Sebright-Federn sind verschwunden; an ihre Stelle ist die breite Feder mit dem

1,0 Deutsche Zwerg-Wyandotten, silberschwarzgesäumt (H. Leicht, Wettenberg)

0,1 Deutsche Zwerg-Wyandotten, silberschwarzgesäumt (H. Leicht, Wettenberg)

gleichmäßig intensiven Saum getreten. Die Form ist durch die Einkreuzung von weißen Zwergen ausgesprochen wyandottenhaft geworden und übertrifft jene der großen Silber-Schwarzgesäumten. Gut ist auch die gerundete Figur, die breite Schwanzpartie, die in kurzen, breiten Schwanzsicheln endet sowie der gleichmäßige Hahnenkamm mit der runden, dem Schwung des Halses folgenden Kammlinie. Entsprechend gut ist es auch um die silber-schwarzgesäumten Zwerghennen bestellt.

Den Züchtern ist zu empfehlen, lieber mit mehreren kleinen Stämmen zu züchten als nur mit einem großen. Denn auf diese Weise wird Inzucht minimiert und der Züchter ist nicht darauf angewiesen, häufig neue Tiere in seinen Stamm zu integrieren. So kann er die Erbanlagen seiner Tiere festigen und geht dabei nicht das Risiko ein, dass ein einziger Hahn die gesamte Zucht nach einer Richtung hin beeinflusst.

Die Silber-Schwarzgesäumten gehören heute zu den häufigeren Farbenschlägen.

Gold-Schwarzgesäumt
(ehemals Gold)

Hahn: Kopf und Halsbehang gold mit schwarzem Schaftstrich, der im oberen Teil der Feder am Kiel entlang durch die Zeichnungsfarbe Gold unterbrochen wird und am Federaußenrand einen goldenen Schmucksaum zeigt; Sattel- wie Halsbehang farblich möglichst übereinstimmend. Brust gold, von der Kehle bis zu den Schenkeln jede Feder mit gleichmäßig breitem schwarzem Saum umfasst. Rücken und Flügeldecken gold mit eingelagerter, pfeilspitzartiger, schwarzer Säumung. Reingoldener Rücken nicht erwünscht. Die größeren Flügeldeckfedern müssen rundum schwarz gesäumt sein und drei Binden bilden. Die Armschwingen, soweit von außen sichtbar, gold mit schwarzer Säumung, Innenfahnen schwarz. Die Handschwingen haben schwarze bis dunkelgraue Innen- und goldene Außenfahnen. Die Schenkelfedern möglichst groß, breit und rundum schwarz gesäumt. Der Schwanz grün glänzend schwarz. Das Untergefieder dunkel. Aftergefieder erscheint äußerlich schwarz.

Henne: Im Kopf- und Halsgefieder setzt sich die Zeichnungsanlage des Mantelgefieders fort. Dazu ist jede Feder mit einem goldenen Schmucksaum umgeben. Rücken, Flügel, Brust und Schenkel möglichst breite, runde, goldene Federn mit schmaler, gleichmäßiger schwarzer Säumung. Schwingen wie beim Hahn; Steuerfedern schwarz; Untergefieder schwarz bis dunkelgrau. Aftergefieder erscheint äußerlich schwarz.

Lauf- und Schnabelfarbe gelb.

Bei der Erzüchtung der Gold-Schwarzgesäumten standen höchstwahrscheinlich

Grobe Fehler:
Beim Hahn: Zu fleckige, unreine oder rußige Oberfarbe, stark rußiger oder in der Farbe stark voneinander abweichender Hals- und Sattelbehang, einfarbige Schultern, Flügeldecken und Rücken, Weiß im Gefieder, besonders im Schwanz, fehlender Armschwingensaum, blockige, verschwommene Säumung, ausgeprägter spitzer oder Halbmondsaum, helles Aftergefieder, zu helles oder wolkiges Untergefieder. *Bei der Henne:* Fahle, sehr fleckige oder unterschiedliche Oberfarbe, schwarzer Kragen, Moos oder Pfeffer im goldenen Federkleid (die letzten großen Schwanzdeckfedern jedoch ausgenommen), zu breite, stark lanzettförmige oder verdeckt wirkende Zeichnung, blockiger, spitzer Halbmond- oder reichlich Doppelsaum, helles Aftergefieder, zu helles, wolkiges Untergefieder.

1,0 Deutsche Zwerg-Wyandotten, gold-schwarzgesäumt (O. Rothermel, Biebesheim)

0,1 Deutsche Zwerg-Wyandotten, gold-schwarzgesäumt (H. Schwämmle, Heimsheim)

Gold-Sebright und geeignete Tiere der Großrasse Pate. Genauere Angaben liegen jedoch nicht vor. Als Herauszüchter gilt der Wetzlarer Züchter Otto Dittert, der 1921 anlässlich einer Lokalschau die ersten Kreuzungstiere ausstellte und 1924 erstmals Tiere unter der Bezeichnung „Zwerg-Wyandotten, gold" präsentierte.

Große Schwierigkeiten bereitete zunächst die Farbe. Schwankungen von Lehmgelb bis zu Schwarz im Halsbehang waren in früheren Jahren nicht selten. Heute hat sich dieser Farbenschlag im Farbton gefestigt. Die Verbreitung ist gesichert.

Die „Goldenen" gehören zu den Farbenschlägen mit mittlerer Häufigkeit.

Gold-Blaugesäumt
(ehemals Blaugold)

Hahn: Kopf und Halsbehang gold mit dunkelblauem Schaftstrich, der im oberen Teil der Feder am Kiel entlang durch die Zeichnungsfarbe Gold unterbrochen wird und am Federaußenrand einen goldenen Schmucksaum zeigt. (Bei sonst gleichwertigen Hähnen erhält der mit weniger dunklen Federspitzen den Vorzug.) Sattel- wie Halsbehang farblich möglichst übereinstimmend. Brust gold, von der Kehle bis zu den Schenkeln jede Feder mit gleichmäßig breitem blauem Saum umfasst. Rücken und Flügeldecken gold mit eingelagerter, pfeilspitzartiger, blauer Säumung. Reingoldener Rücken nicht erwünscht. Die größeren Flügeldeckfedern müssen rundum blau gesäumt sein und drei Binden bilden. Die Armschwingen, soweit von außen sichtbar, gold mit blauer Säumung, Innenfahnen blau. Die Handschwingen haben blaue bis blaugraue Innen- und goldene Außenfahnen. Die Schenkelfedern möglichst groß, breit und rundum blau gesäumt. Der Schwanz blau. Das Untergefieder blau bis blaugrau.

Henne: Im Kopf- und Halsgefieder setzt sich die Zeichnungsanlage des Mantelgefieders fort. Dazu ist jede Feder mit einem goldenen Schmucksaum umgeben. Rücken, Flügel, Brust und Schenkel möglichst breite, runde goldene Federn mit schmaler, gleichmäßiger blauer Säumung. Schwingen wie beim Hahn; Steuerfedern blau bis blaugrau. Untergefieder blaugrau.

Lauf- und Schnabelfarbe gelb.

1,0 Deutsche Zwerg-Wyandotten, gold-blaugesäumt (J. Glas, Schaidt)

Grobe Fehler:
Beim Hahn: Zu fleckige, unreine oder rußige Oberfarbe, stark voneinander abweichende Farbe in Hals- und Sattelbehang, einfarbig blau oder grau in Hals oder Kragen, einfarbige Schultern, Flügeldecken und Rücken, matter oder grauer Saum, fehlender Armschwingensaum, blockige, verschwommene Säumung, ausgeprägter, spitzer oder Halbmondsaum, braune Sicheln, graue Schenkel, zu helles, wolkiges After- und Untergefieder. *Bei der Henne:* Fahle, sehr fleckige oder unterschiedliche Oberfarbe, blauer Kragen, Moos oder Pfeffer im goldenen Federkleid (die letzten großen Schwanzdeckfedern jedoch ausgenommen), zu breite, stark lanzettförmige oder verdeckt wirkende Zeichnung, blockiger, spitzer Halbmond- oder Doppelsaum, helles oder zu goldfarbenes After- und Untergefieder.

Erste Bemühungen um die Gold-Blaugesäumten sind auf die 20er-Jahre des voringen Jahrhunderts datiert und gehen auf den Chemnitzer Züchter Alfred Nier zurück. Doch waren sämtliche Zuchten nach Kriegsende vollends verschwunden. Aber schon im Herbst 1945 wurde von Kurt Wachtmeister, Wetzlar, die Grundlage für eine erneute Herauszüchtung dieses Farbenschlages geschaffen. Nach langer Suche fand er eine blaue Henne, die eine ansprechende Form und einen zierlichen Körper, kombiniert mit einer lehmartigen Färbung, zeigte. Die Anpaarung an einen feinen Goldzwerghahn seines Schwiegervaters Otto Dittert, ebenfalls Wetzlar, brachte erste Erfolge. Schon die F_1-Generation 1946 verblüffte. Als sehr geeignet für die Weiterzucht erwies sich ein klein gebliebener gold-blaugesäumter Hahn der Großrasse. Eine scharfe Auslese aus einer großen Zahl von Küken brachte Kurt Wachtmeister zielstrebig voran.

Dass die Gold-Blaugesäumten heute keinem anderen Farbenschlag der gesäumten Zwerge nachstehen, ist wohl der züchterischen Arbeit von Kurt Wachtmeister zu verdanken. Mit kleinen Stämmen, nach farblichen und formlichen Kriterien zusammengestellt, hat er den heutigen Zuchtstand herbeigeführt. Von Tieren und Bruteiern aus dieser Zucht haben wohl alle bestehenden Zuchten profitiert. Die Gold-Blaugesäumten zeigen gegenüber den anderen Farbenschlägen eine große Feder mit feinem Saum. Größe, Form und Farbe lassen oft noch Wünsche offen.

Die größte Schwierigkeit dieses Farbenschlages liegt sicher in der Spalterbigkeit. So sind in jeder Generation etwa 25 % der Tiere gold-schwarzgesäumt, 25 % gold-(andalusier-)weißgesäumt und etwa 50 % gold-blaugesäumt. Besonders in kleinen Stämmen kann es jedoch zu Abweichungen von dieser statistisch zu erwartenden Aufspaltung kommen und der Anteil der geeigneten Tiere ist im Extremfall deutlich geringer. Auch sei erwähnt, dass die Verpaarung der anfallenden gold-schwarzgesäumten und gold-weißgesäumten Tiere erneut gold-blaugesäumte Nachzucht ergibt.

Die Arbeit des Sondervereins d. Z. gesäumter Deutscher Zwerg-Wyandotten hat auch bei den Gold-Blaugesäumten durch harte Zielsetzung erreicht, dass jetzt schon viele Hennen mit einer Goldzeichnung im Hals – die Hähne haben es schon lange – und einer feinen dunklen Goldfarbe wie auch einem schönen dunklen Blau gezeigt werden. Die Zusammenarbeit des SV mit den Sonderrichtern und auch mit den Züchtern selbst hat ein gutes Ergebnis erbracht.

Großes Augenmerk muss auf die Erhaltung der Form gerichtet werden, die ja von der Struktur der Feder beeinflusst wird. Eine harte Feder bringt wohl einen feinen Saum und feinen Lack, jedoch leidet die Form darunter. Die Folge sind spitze Schwänze. Eine weiche Feder bringt zwar die Form besser zur Geltung, lässt aber die Säumung nicht korrekt erscheinen. Man suche hier den Mittelweg. Nur eine konsequente Auslese, gute Planung und viel, viel Geduld neben einem soliden Wissen können hier Erfolge bringen. Es ist zweckmäßig, sich bei Schwierigkeiten in der Zucht an den SV d. Z. gesäumter Deutscher Zwerg-Wyandotten zu wenden. Dieser hilft jederzeit gerne weiter.

Die Verbreitung kann als gesichert gelten. Die Gold-Blaugesäumten gehören zu den Farbenschlägen mit mittlerer Häufigkeit.

0,1 Deutsche Zwerg-Wyandotten, gold-blaugesäumt (O. Rothermel, Biebesheim)

Gold-Weißgesäumt
(ehemals Weißgold)

Hahn: Kopf und Halsbehang gold mit weißem Schaftstrich, der im oberen Teil der Feder am Kiel entlang durch die Zeichnungsfarbe Gold unterbrochen wird und am Federaußenrand einen goldenen Schmucksaum zeigt. (Bei sonst gleichwertigen Hähnen erhält der mit weniger dunklen Federspitzen den Vorzug.) Sattel- wie Halsbehang farblich möglichst übereinstimmend. Brust gold, von der Kehle bis zu den Schenkeln jede Feder mit gleichmäßig breitem weißem

Saum umfasst. Rücken und Flügeldecken gold mit eingelagerter, pfeilspitzartiger, weißer Säumung. Reingoldener Rücken nicht erwünscht. Die größeren Flügeldeckfedern müssen rundum weiß gesäumt sein und drei Binden bilden. Die Armschwingen, soweit von außen sichtbar, gold mit weißer Säumung, Innenfahnen weiß. Die Handschwingen haben weiße Innen- und goldene Außenfahnen. Die Schenkelfedern groß, breit und rundum weiß gesäumt. Schwanz weiß. Untergefieder rahmweiß.

Henne: Im Kopf- und Halsgefieder setzt sich die Zeichnungsanlage des Mantelgefieders fort. Dazu ist jede Feder mit einem goldenen Schmucksaum umgeben. Rücken, Flügel, Brust und Schenkel möglichst breite, runde goldene Federn mit schmaler, gleichmäßiger weißer Säumung. Schwingen wie beim Hahn; Steuerfedern, Aftergefieder und Untergefieder rahmweiß.

Lauf- und Schnabelfarbe gelb.

Grobe Fehler:
Beim Hahn: Zu fleckige, unreine Oberfarbe, stark voneinander abweichende Farbe in Hals- und Sattelbehang, einfarbiger Hals oder Kragen, einfarbige Schultern, Flügeldecken und Rücken, bläulicher Farbton in Halsbehang und Säumung, blaue Federn im Schwanz, fehlender Armschwingensaum, blockige, verschwommene Säumung, ausgeprägter spitzer oder Halbmondsaum, dunkles, wolkiges Aftergefieder. *Bei der Henne:* Sehr unterschiedliche, zu helle oder zu rötliche Oberfarbe, weißer, einfarbiger Kragen, Moos oder Pfeffer im goldenen Federfeld (die letzten großen Schwanzdeckfedern jedoch ausgenommen), zu breite, stark lanzettförmige oder verdeckt wirkende Zeichnung, blockiger, spitzer Halbmond- oder Doppelsaum, dunkles After- und Untergefieder.

1,0 Deutsche Zwerg-Wyandotten, gold-weißgesäumt (O. Heß, Biebesheim)

Die gold-weißgesäumten Deutschen Zwerg-Wyandotten waren lange Zeit die Stiefkinder der gesäumten Zwerge. Noch weniger als die Gold-Blaugesäumten fanden sie Liebhaber und standen im Schatten der häufigen Farbenschläge.

Erste Zuchtbemühungen datieren auf die 20er-Jahre des letzten Jahrhunderts, als der Chemnitzer Züchter Alfred Nier neben den Gold-Blaugesäumten auch die Gold-Weißgesäumten herauszüchtete. Leider verschwand der Farbenschlag während des Zweiten Weltkrieges vollständig.

Anfang der 1950er-Jahre begann der Züchter Georg Schmidt jr., Mainbernheim, erneut mit der Herauszüchtung, wozu er weiße und gold-schwarzgesäumte Tiere verwendete. Unterstützt wurde er kurze Zeit später von Kurt Wachtmeister, Wetzlar. Trotz diverser Schwierigkeiten (so wurden Kurt Wachtmeister zwischenzeitlich sämtliche Tiere gestohlen) konsolidierte sich die Zucht. Die Vorgehensweise beider Züchter war unterschiedlich: Während Kurt Wachtmeister nur wenige Stämme zusammenstellte, arbeitete Georg Schmidt mit sechs bis sieben Stämmen und bis zu 200 Küken. Genaue Aufzeichnungen und briefliche Aussprachen brachten die Zucht weiter. Zeigten sich bei Kurt Wachtmeister schon bald sicht-

0,1 Deutsche Zwerg-Wyandotten, gold-weißgesäumt (O. Heß, Biebesheim)

bare Erfolge, stellten sich bei Georg Schmidt, wohl infolge von Einkreuzungen, auch negative Erscheinungen ein, wie z. B. das häufige Auftreten von Stehkämmen. Jedoch konnte bei dem Talent und Wissen dieser beiden Züchter der durchschlagende Erfolg nicht ausbleiben. Ihre Arbeit ist bis heute in den Gold-Weißgesäumten verankert. Gerade in den letzten Jahren fanden neue Liebhaber zu diesem Farbenschlag.

Auch dieser Farbenschlag weist eine mittlere Häufigkeit auf.

Braun-Porzellanfarbig
(ehemals Bunt)

Hahn: Kastanienbraune Hauptfarbe, möglichst jede Feder mit einem schwarzen, grün glänzenden Endtupfen, darin eine weiße Perle. Schwingen braun mit schwarzer Innenfahne und weißer Spitze. Steuerfedern und Sicheln schwarz mit weißer Spitze. Etwas Weiß in Schwingen und Steuerfedern gestattet.

Henne: Im gesamten Farbton einschließlich Steuerfedern etwas heller als der Hahn, mit sonst gleicher Zeichnungsanlage.

Lauf- und Schnabelfarbe gelb.

Grobe Fehler:
Zu helle, fahle Grundfarbe, zu grobe Perlzeichnung bei Jungtieren, fehlendes Braun in der Brust der Hähne, schwarze Brust bei Hennen, messingfarbige Behänge, viel schwarze Pfefferung im Mantelgefieder, viele ganz weiße Federn im Körpergefieder, größtenteils weiße Schwingen und Schwanzfedern, auch bei Alttieren.

Die „Bunten“ gehören bis heute zu den selteneren Farbenschlägen. Sie wurden 1973 als 18. Farbenschlag in der großen Familie der Zwerg-Wyandotten anerkannt.

Helmut Mom aus Orsoy/Niederrhein befasste sich seit 1963 mit der Herauszüchtung. Die Ausgangstiere waren „bunte“ Zwerg-Sussex sowie schwarz-weißgescheckte und braun-gebänderte Zwerg-Wyandotten. Die Erfolge waren in den ersten Jahren schon sehr vielversprechend, wenngleich viele Tiere noch mit groben Fehlern, wie Stehkamm, falscher Grundfarbe, fleischfarbigen Läufen, Sussextyp, fehlender Steigung und spitzem Abschluss behaftet waren. Helmut Mom konnte 1966 schon 2,2 „Bunte“ bei der Nationalen als Neuzüchtung vorstellen. In den folgenden

1,0 Deutsche Zwerg-Wyandotten, braun-porzellanfarbig (K. Guth, Reichelsheim)

0,1 Deutsche Zwerg-Wyandotten, braun-porzellanfarbig) (U. Schneider, Effolderbach)

Jahren gab es Rückschläge und Schwierigkeiten verschiedenster Art. Der große Durchbruch kam dann 1971. Bei der Deutschen Zwerghuhnschau in Osnabrück zeigte Helmut Mom sieben „Bunte", wobei bereits ein Tier mit „sg" bewertet wurde. Nach der Vorstellung von zehn Bunten anlässlich der Deutschen Zwerghuhnschau in Dortmund 1973 erfolgte die verdiente Anerkennung. Unser großer und unvergessener Zwerghuhnexperte Georg Beck lobte die ausgestellten Tiere mit den Worten: „Großer züchterischer Fortschritt in allen Belangen."

Damit war der Anfang gemacht und heute lässt sich eine Stabilisierung des Bestandes feststellen.

Mittlerweile wurden Form, Größe, Grundfarbe und Zeichnung weiter verbessert und gefestigt. Naturgemäß bereiten die Hähne mehr Schwierigkeiten als die Hennen. Sie müssen noch zarter und typischer werden. Außerdem waren sie bisher, bis auf wenige Ausnahmen, zu hell in der Grundfarbe. Zwangsläufig sind dadurch auch die Schwingen zu hell, ja zum Teil ganz weiß. Eine gleichmäßige Zeichnung ist beim derzeitigen Zuchtstand bei den Hähnen noch nicht zu erreichen, sie sollte aber angedeutet vorhanden sein. Bei vielen Hähnen ist der Halsbehang noch zu schwarz, teils auch zu messingfarben. Hier gilt es, eine strenge Auslese zu treffen und eine ausgleichende Verpaarung vorzunehmen. Sollte kein geeigneter Zuchthahn zur Verfügung stehen, so könnte eine Anleihe bei den roten Zwerg-Wyandotten gemacht werden.

Bei den „bunten" Hennen ist die gewünschte Form, Größe und Linienführung im Großen und Ganzen schon zufriedenstellend. Hingegen ist die Grundfarbe noch zu festigen. Sie sollte durchweg einen Ton dunkler werden, denn nach dem Standard ist eine kastanienbraune Farbe, wie bei den „bunten" Sussex, anzustreben. Schwarze Pfefferung, die sich leicht auf dem Rücken und der Schwanzpartie zeigt, ist unerwünscht und muss beanstandet werden. Dass die ideale Zeichnung mit dem schwarzen, grün glänzenden Endtupfen und der weißen Perle auch bei den Hennen nur schwer und wenn, dann nur bei einzelnen Tieren, zu erreichen ist, sollte allen Beteiligten klar sein. Hier bleibt für den engagierten Züchter noch viel Arbeit. Dies liegt in der Natur der Sache und macht nicht zuletzt den Reiz der Rassegeflügelzucht aus. Die Perlzeichnung soll bei den Jungtieren grundsätzlich nicht zu stark sein, da sonst die Weißanteile im gesamten Mantelgefieder überhandnehmen und die Schwingen überwiegend weiß werden. Junghennen mit grober Perlzeichnung sind für die Zucht ungeeignet, da die Nachzucht in der Regel ja noch heller wird.

Es bleibt zu hoffen, dass sich weitere Züchter mit diesem interessanten Farbenschlag befassen, damit die Zuchtbasis größer wird und Fortschritte schneller erzielt werden können. Alle Preisrichter sollten bei der Bewertung der „Bunten" daran denken, dass sie zu den seltenen Farbenschlägen der Deutschen Zwerg-Wyandotten gehören. Interessierte Züchter und Preisrichter sollten sich bei den großen Ausstellungen, denen meistens eine Sonderschau d. Z. der seltenen Deutschen Zwerg-Wyandotten angeschlossen ist, über den Zuchtstand informieren.

Kennfarbig

Hahn: Brust, Bauch, Handschwingen, Schwanz und Untergefieder grau gesperbert, Halsbehang rötlich gelb, Sattelbehang goldfarbig, beide mit grauem Schaftstrich und weißer Querstreifung. Rücken und Schulter rot mit angedeuteter Sperberung. Armschwingen an der Innenfahne grau, Außenfahne grau-weiß-gelb gewellt, geschlossen ein dreifarbiges Flügeldreieck bildend.

Henne: Auf rebhuhnfarbiger Grundfarbe mattschiefergrau gesperbert. Rost und leichter Flitter gestattet. Brust lachsfarbig bis rostrot. Handschwingen und Schwanz dunkelgraubraun mit schwarzer Rieselung. Halsbehang goldfarbig mit grauem Schaftstrich und grauweißer Querstreifung. Schnabelfarbe bei beiden Geschlechtern gelb bis hornfarbig.

Lauffarbe gelb, hellweidenfarbig zulässig.

Grobe Fehler:
Gelb durchsetzte Brustfarbe und nicht durchgefärbtes Flügeldreieck beim Hahn, Fehlen des braunen Farbtons im Mantelgefieder und gelbe Brustfarbe bei der Henne.

Richard Weidling aus Alsfeld begann 1969 mit der Herauszüchtung der kennfarbigen Zwerg-Wyandotten und erreichte 1980 die Anerkennung.

Die ersten Tiere wurden durch Kreuzung eines goldhalsigen (nach damaliger Bezeichnung rebhuhnfarbigen) Hahnes und einer gestreiften Zwerg-Wyandotten-Henne erzüchtet. Daraus ergaben sich in der F_1-Generation

1,0 Deutsche Zwerg-Wyandotten, kennfarbig (F. Müller, Mainleus)

spalterbige Hähne, die an die rebhuhnfarbigen Hennen zurückgepaart wurden. Die Nachkommenschaft aus dieser Verpaarung waren Küken verschiedenster Färbung: schwarz, schwarz-gesperbert, rebhuhnfarbig, rebhuhnfarbig-gesperbert oder silberfarbig. Nur die rebhuhnfarbig-gesperberten Küken waren jedoch von Interesse, weil sie die Beziehung des Sperberfaktors zum Daunenkleid der rebhuhnfarbigen Küken erkennen ließen. Die Küken dieses Farbenschlages kann man sofort nach dem Schlupf mit hundertprozentiger Sicherheit nach dem Geschlecht erkennen. Bei den männlichen Küken ruft die doppelte Dosis des Sperberfaktors neben einer starken und deutlichen Kopffleckbildung eine sehr starke Aufhellung des gesamten Daunenkleides hervor, bei den weiblichen Küken werden die Kopf-, Rücken- und Seitenstreifung überhaupt nicht beeinflusst, sodass sie in ihrer Zeichnung den rebhuhnfarbigen Küken entsprechen.

Oberstes Zuchtziel ist die Unterscheidung von Hahnen- und Hennenküken am Eintagsflaum. Deshalb müssen kontrastreiche Hähne in den Zuchtstamm eingestellt werden.

Die Kennfarbigen gehören zu den seltneren Farbenschlägen.

Gelb-Weißgesperbert

Hahn: Grundfarbe sattgelb, in den Behängen und auf den Flügeldecken etwas intensiver, mit möglichst gleichmäßiger weißer Sperberung, deutlich enger gezeichnet als bei der Henne. Steuerfedern und große Schwanzdeckfedern braungrau mit weißer Sperberung. Schwingen gelb-weißgesperbert mit braungrauen, weniger gezeichneten Innenfahnen.

Henne: Grundfarbe sattgelb mit möglichst gleichmäßiger weißer Sperberung, gut sichtbar auch auf dem Schenkelgefieder. Unterbrochene braungraue Schaftstriche im unteren Teil des Halsbehanges nur wenig sichtbar. Verdeckte braungraue Tropfenzeichnung auf dem Oberrücken gestattet. Schwingen wie beim Hahn. Steuerfedern und große Schwanzdeckfedern wie

0,1 Deutsche Zwerg-Wyandotten, gelb-weißgesperbert (H. W. Bolten, Viersen)

beim Hahn, jedoch wesentlich schwächer gezeichnet.

Lauf- und Schnabelfarbe gelb.

Grobe Fehler:
Beim Hahn sichtbares Grau in Hals- und Sattelbehang sowie auf Rücken und Schultern; weißes Flügeldreieck; helle Brust. *Bei der Henne* völlig fehlende Sperberung; graue oder schwarze Spritzer im Mantelgefieder. *Bei Hahn und Henne* zu rötliche oder stark ungleichmäßige Grundfarbe; fehlende Sperberung im Schwanz.

Die Gelb-Weißgesperberten entstanden nach 13-jähriger Zuchtarbeit in der Zucht von Hans Odefey, Sterup. Zu ihren Vorfahren gehören neben roten und weißen Zwerg-Wyandotten vermutlich auch gelb-weißgesperberte Zwerg-Cochin. Nach Angaben ihres Züchters Walter Musack, Neukirchen, sind besonders ihre wirtschaftlichen Eigenschaften hervorzuheben. Denn neben einer sehr guten Legeleistung zeigen sie auch überdurchschnittliche Eigewichte. Zur Stabilisierung der Farbe empfiehlt es sich, im Abstand von fünf bis sechs Jahren gelbe Deutsche Zwerg-Wyandotten einzukreuzen. Noch sind die Gelb-Weißgesperberten relativ selten, ein leichter Aufwärtstrend lässt sich beobachten.

Rebhuhnfarbig-Gebändert

Hahn: Kopf goldfarbig, Hals- und Sattelbehang goldfarbig mit schwarzem Schaftstrich, der im oberen Teil der Feder am Kiel entlang beidseitig durch Gold unterbrochen wird. Brust, Bauch und Schenkel schwarz mit brauner Säumung. Rücken, Schultern und Flügeldecken braungold. Die größeren Flügeldeckfedern (Binden) schwarz, brauner Saum gestattet. Armschwingen Innenfahnen schwarz, Außenfahnen braun, das Flügeldreieck bildend. Handschwingen schwarz mit braunem Außenrand. Schwanz schwarz, brauner Federrand im Deckgefieder gestattet. Untergefieder grau.
Henne: Kopf goldfarbig. Halsbehang sattgoldfarbig mit mehrfacher schwarzer Zeichnung ähnlich dem Körpergefieder, mit breitem goldfarbigem Schmucksaum. Körpergefieder goldbraun mit mehrfacher, der Federform folgender schwarzer Bänderung. Federkiel möglichst in Anpassung an die Zeichnung. Schenkelgefieder möglichst gezeichnet. Armschwingen Innenfahne schwarz. Außenfahne braun mit gebänderter Zeichnungsanlage. Hand-

1,0 Deutsche Zwerg-Wyandotten, rebhuhnfarbig-gebändert (H. Best, Bad Soden)

0,1 Deutsche Zwerg-Wyandotten, rebhuhnfarbig-gebändert (P. Heyn, Ehrenfriedersdorf)

schwingen schwarz mit braun meliertem Außenrand. Schwanz schwarz, obere Steuerfedem möglichst mit angedeuteter Zeichnung. Untergefieder grau.

Lauf- und Schnabelfarbe gelb; einige dunkle Schuppen an den Läufen der Henne gestattet.

Grobe Fehler:
Beim Hahn: Nicht unterbrochener, durchstoßender oder fehlender Schaftstrich in den Behängen, fehlende oder zu klatschige Säumung auf Brust, Bauch oder Schenkeln. *Bei der Henne:* Einfache, nicht unterbrochene oder durchstoßende Halszeichnung, verschwommene oder moosige Zeichnung, zu ungleichmäßige, gräuliche oder rötliche Grundfarbe; einfarbig schwarze Federkiele; Schilf bei beiden Geschlechtern.

Die rebhuhnfarbigen Zwerg-Wyandotten wurden 1906 als erster Farbenschlag aus England nach Deutschland eingeführt. Die nach englischem Vorbild auch hierzulande betriebene Zweistammzucht führte jedoch wegen des dazu notwendigen immensen Aufwandes zur Differenzierung in zwei getrennte Farbenschläge: den Goldhalsigen als ehemaliger Hahnenzuchtlinie und den Braun-Gebänderten als ehemaliger Hennenzuchtlinie. Unabhängig davon etablierte sich in den neuen Bundesländern der züchterische Kompromiss mit gebänderten Hennen und dennoch kontrastreichem Hahn mit allerdings notwendiger Brustzeichung à la rebhuhnfarbig-gebändertem Zwerg-Brahma.

So entstanden die heutigen Rebhuhnfarbig-Gebänderten, die im Zuge des Zusammenschlusses beider Verbände Aufnahme in den neuen Standard fanden. Die Verbreitung des Farbenschlages ist gesichert; er gehört zu den Varianten mit mittlerer Häufigkeit.

Weiß-Blaucolumbia

Grundfarbe und Zeichnungslage wie beim Farbenschlag Weiß-Schwarzcolumbia, jedoch sattes Graublau statt Schwarz; beim Hahn meist etwas dunkler als bei der Henne.

Lauf- und Schnabelfarbe gelb.

Grobe Fehler:
In der Zeichnungsanlage wie beim Farbenschlag Weiß-Schwarzcolumbia; vorwiegend schwarze Federn mit Grünlack, zu helles, blasses Blau, gelber Anflug.

0,1 Deutsche Zwerg-Wyandotten, weiß-blaucolumbia (F. Adlung, Lauf)

1,0 Deutsche Zwerg-Wyandotten, weiß-blaucolumbia (N. Hühn, Marburg)

Dieser in Dänemark und den Niederlanden schon seit langem existierende Farbenschlag wurde von Norbert Hühn, Marburg-Bauerbach, mithilfe dänischer Ausgangstiere vorangebracht und 1992 anerkannt. Der Bestand hat sich seitdem stabilisiert.

Birkenfarbig

Hahn: Kopf, Hals- und Sattelbehang silberweiß mit ausgeprägten schwarzen Schaftstrichen. Rücken, Schultern und Flügeldecken silberweiß. Brust schwarz mit schmaler Silbersäumung einschließlich der Kropfpartie; bei Alttieren tiefer gehend gestattet. Übriges Gefieder reinschwarz mit grünem Glanz.
Henne: Kopf, Halsbehang und Brust wie beim Hahn. Übriges Gefieder reinschwarz mit grünem Glanz.

Grobe Fehler:
Fehlender Grünglanz oder mattes Gefieder; zu klatschige oder fehlende Säumung auf der Brust; weiße Federkiele; Säumung auf Schenkel und Bauch; weiße Zeichnung in den Binden oder weißes Flügeldreieck beim Hahn; weiße Zeichnung im Mantelgefieder der Henne; Schilf.

0,1 Deutsche Zwerg-Wyandotten, birkenfarbig (R. Wilken, Bad Rothenfelde)

1,0 Deutsche Zwerg-Wyandotten, birkenfarbig (H. Mahler, Hemmoor)

Dieser reizvolle Farbenschlag wurde von Herbert Mahler, Hemmoor, erzüchtet und im Jahre 1995 anerkannt. Mittlerweile konnte bereits ein sehr guter Zuchtstand erreicht werden, was auch die diversen Höchstnoten bei großen Ausstellungen zum Ausdruck bringen. Vor allem in formlicher Hinsicht imponieren die Tiere beider Geschlechter. Farblich gilt es noch bei den Hähnen die Hals- und Sattelzeichnung im Silberweiß und bei den Hennen den Silberton der Halszeichnung zu verbessern.

Der Farbenschlag wird von einem eigenen Sonderverein betreut und weist eine mittlere Häufigkeit auf.

Lachsfarbig

Hahn: Kopf, Hals- und Sattelbehang elfenbeinfarbig, der verdeckte, mittlere Teil der Halsbehangfedern rotbraun. Rücken rotbraun, evtl. mit etwas Weißgelb durchsetzt. Flügeldecken rotbraun mit weißgelber bis messingfarbiger Säumung, im Alter etwas heller werdend. Die größeren Flügeldeckfedern schwarz, eine grün oder bläulich glänzende Binde bildend. Handschwingen schwarz mit weißem Außensaum. Armschwingen Innenfahnen schwarz, Außenfahnen weiß, das Flügeldreieck bildend. Schwanz schwarz, das Deckgefieder teils rotbraun. Brust, Schenkel und Bauch schwarz.

Henne: Rücken, Schultern, Flügeldecken und Sattel gleichmäßig lachsrot, die einzelnen Federn mit weißlichem Schaft und möglichst weißlicher Säumung. Halsbehang bis zur Kopfplatte hin etwas intensiver im Lachsrot als der Rücken, jede Feder mit weißem oder elfenbeinfarbenem Saum. Schwingen lachsrot, Innenfahnen mit Grauschwarz durchsetzt. Steuerfedern lachsrot mit Grauschwarz durchsetzt. Brust, Schenkel und Bauch rahmfarbig; leichter, helllachsfarbiger Überlauf im Schenkelgefieder gestattet.

Dieser in Dänemark schon seit längerer Zeit anerkannte Farbenschlag wurde in Deutschland von dem bekannten Züchter und Preisrichter Werner Schulze, Siegen, unter Zuhilfenahme von weißen Zwerg-Wyandotten hoffähig gemacht und wurde ebenfalls im Jahre 1995 zugelassen. Innerhalb weniger Jahre wurde von diesem Züchterkreis vor allem farblich und hier vornehmlich bei den Hennen schon viel erreicht.

Betreut wird der Farbenschlag vom Sonderverein d. Z. seltener Deutscher Zwerg-Wyandotten. Die Verbreitung hat rapide zugenommen, sodass er heute zu den häufigeren Farbvarianten gehört.

0,1 Deutsche Zwerg-Wyandotten, lachsfarbig (R. Giesecke, Eichenbarleben)

Grobe Fehler:
Hahn: Zu wenig Braun auf Rücken und Flügeldecken; fehlende Säumung auf den Flügeldecken; fehlendes Rotbraun im verdeckten, mittleren Teil der Halsbehangfedern; weiße oder braune Zeichnung auf Brust, Schenkel und Bauch; schwarze Schaftstrichzeichnung im Halsbehang; fehlendes Flügeldreieck. *Henne:* Zu helle oder dunkle, bräunliche Lachsfarbe; völlig fehlende Säumung; zu starker Überlauf der Lachsfarbe auf Brust und Schenkel; anderer als weißer Schaft; starker Ruß.

Orangefarbig-Gebändert

Hahn: Kopf sattorangefarbig, Hals- und Sattelbehang leuchtend orange mit schwarzem Schaftstrich, der im oberen Teil der Feder am Kiel beidseitig durch Orange unterbrochen wird. Brust, Bauch und Schenkel schwarz mit orangefarbiger Säumung. Rücken, Schultern und Flügeldecken intensiv rötlich orange. Die größeren Flügeldeckfedern (Binden) schwarz, orange Säumung gestattet. Armschwingen Innenfahnen schwarz, Außenfahnen cremeweiß, das Flügeldreieck bildend. Handschwingen schwarz, mit weißlichem Außenrand. Schwanz schwarz, oranger Federrand im Deckgefieder gestattet. Untergefieder grau.

Henne: Kopf sattorangefarbig. Halsbehang intensiv orange mit mehrfacher schwarzer Zeichnung, ähnlich der des Körpergefieders, mit breitem, sattorangefarbigem Schmucksaum. Körpergefieder orange mit mehrfacher, der Federform folgender schwarzer Bänderung. Schenkelgefieder gezeichnet. Armschwingen Innenfahnen schwarz, Außenfahnen orange mit gebänderter Zeichnungsanlage. Handschwingen schwarz mit gelb meliertem Außenrand. Schwanz schwarz, obere Steuerfedern möglichst mit angedeuteter Zeichnung. Untergefieder grau.

Lauf- und Schnabelfarbe gelb.

Grobe Fehler:
Beim Hahn: Viel zu helle oder zu bräunliche Orangefarbe; nicht unterbrochener, durchstoßender oder fehlender Schaftstrich in den Behängen; fehlende oder zu klatschige Säumung auf Brust, Bauch und Schenkeln. *Bei der Henne:* Einfache, nicht unterbrochene oder durchstoßende Halszeichnung; verschwommene oder moosige Zeichnung; zu ungleichmäßige, stark gräuliche oder rötliche Hauptfarbe; silbriger Vorsaum im Körpergefieder; Schilf bei beiden Geschlechtern.

Ab 1972 befasste sich Gottfried Hölzel, Zwickau-Pöhlau, mit der Erzüchtung dieses Farbenschlages. Dazu verwendete er orangefarbige Zwerg-Italiener und silberfarbig-gebänderte (dunkle) Zwerg-Wyandotten.

1,0 Deutsche Zwerg-Wyandotten, orangefarbig-gebändert (H. Brümmer, Steyerberg)

0,1 Deutsche Zwerg-Wyandotten, orangefarbig-gebändert (H. van Briel, Ratingen)

Die politischen Wirren vor und nach der Wende waren wohl dafür verantwortlich, dass der Farbenschlag erst 1996 anerkannt wurde. Dann aber ging es mit der Verbreitung zügig voran, sodass heute bereits ein eigener Sonderverein existiert. Gerade in den letzten Jahren nahm die Verbreitung stark zu.

Heute gehören die Orangefarbig-Gebänderten zu den Farbvarianten mit mittlerer Häufigkeit.

Gelb-Blaucolumbia

Grundfarbe und Zeichnungsanlage wie beim Farbenschlag Gelb-Schwarzcolumbia, jedoch sattes Graublau statt Schwarz, beim Hahn meistens etwas dunkler als bei der Henne.

Als Erster beschäftigte sich Valentin Deppisch, Geroldshausen, mit der Herauszüchtung dieses Farbenschlages, doch gerieten dessen Bemühungen ins Stocken. Mehr Erfolg hatte dann unabhängig davon Thomas Müller, Almersbach, der zur Erzüchtung gelb-schwarzcolumbia- und weiß-blaucolumbiafarbige Zwerg-Wyandotten verwendete. Im Jahre 1998 wurde der Farbenschlag anerkannt. Bei den bisher gezeigten Hähnen blieben mitunter noch

1,0 Deutsche Zwerg-Wyandotten, gelb-blaucolumbia (Th. Kämmer, Ochsenfurt)

0,1 Deutsche Zwerg-Wyandotten, gelb-blaucolumbia (Th. Kämmer, Ochsenfurt)

Wünsche im länger und kompakter geforderten Abschluss und bei den Hennen in der Gleichmäßigkeit der Mantelfarbe offen. Noch ist der Farbenschlag selten.

Grobe Fehler:
In der Zeichnungsanlage wie beim Farbenschlag Gelb-Schwarzcolumbia; schwarze Federn mit Grünlack; zu helles, blasses Graublau; stark rötliche Farbe auf den Flügeldecken beim Hahn; stark fleckiges Mantelgefieder; Brauneinlagerungen in der Zeichnungsfarbe; Schilf.

Gelb-Schwarzgesäumt

Hahn: Kopf und Halsbehang gelb mit schwarzen Schaftstrichen, die im oberen Teil der Feder am Kiel entlang durch die Zeichnungsfarbe gelb unterbrochen werden und am Federaußenrand einen gelben Schmucksaum zeigen. Hals- wie Sattelbehang möglichst farblich übereinstimmend. Brust gelb, von der Kehle bis zu den Schenkeln jede Feder mit gleichmäßig breitem, schwarzem Saum umfasst. Rücken und Flügeldecken intensiv goldgelb (leicht rötlich vorerst gestattet), mit eingelagerter, pfeilspitzartiger, schwarzer Säumung. Reingelber Rücken nicht erwünscht. Die großen Flügeldeckfedern müssen rundum schwarz gesäumt sein und drei Binden bilden. Die Armschwingen, soweit von außen sichtbar, gelb mit schwarzer Säumung, Innenfahnen schwarz. Die Handschwingen haben schwarze bis dunkelgraue Innen- und gelbe Außenfahnen. Die Schenkelfedern

Grobe Fehler:
Beim Hahn: Zu fleckige, unreine oder rußige Oberfarbe; farblich stark voneinander abweichender Hals- und Sattelbehang; einfarbig auf Schultern, Flügeldecken und Rücken; Weiß im Gefieder, besonders im Schwanz; fehlender Armschwingensaum; blockige, verschwommene Säumung, ausgeprägter spitzer oder Halbmondsaum; helles Aftergefieder; zu helles oder wolkiges Untergefieder. *Bei der Henne:* Sehr fleckige oder unterschiedliche Oberfarbe; schwarzer Kragen; Moos oder Pfeffer im gelben Federfeld (die letzten großen Schwanzdeckfedern ausgenommen); zu breite, stark lanzettförmige oder verdeckt wirkende Zeichnung; blockiger, spitzer Halbmond- oder reichlich Doppelsaum; helles Aftergefieder; zu helles, wolkiges Untergefieder.

1,0 Deutsche Zwerg-Wyandotten, gelb-schwarzgesäumt (N. Roll, Bredenbekshorst)

möglichst groß, breit und rundum schwarz gesäumt. Der Schwanz grün glänzend schwarz. Untergefieder grau. Aftergefieder erscheint äußerlich schwarz.

Henne: Mantelgefieder möglichst gleichmäßig gelb, im Halsbehang vorerst etwas heller gestattet. Im Kopf- und Halsgefieder setzt sich die Zeichnungsanlage des Mantelgefieders fort. Dazu ist jede Feder mit einem gelben Schmucksaum umgeben. Rücken, Flügel, Brust und Schenkel möglichst breite, runde, gelbe Federn mit schmaler, gleichmäßiger, schwarzer Säumung. Schwingen wie beim Hahn. Steuerfedern schwarz. Untergefieder dunkelgrau. Aftergefieder erscheint äußerlich schwarz.

Lauf- und Schnabelfarbe gelb.

Dieser junge Farbenschlag der Zwerg-Wyandotten-Familie wurde im Jahre 2001 anerkannt. Er wird vom Sonderverein d.Z. seltener Deutscher Zwerg-Wyandotten betreut und gehört zu den selteneren Farbvarianten.

0,1 Deutsche Zwerg-Wyandotten, gelb-schwarzgesäumt (N. Roll, Bredenbekshorst)

Blau-Silberhalsig

Der jüngste Farbenschlag der Deutschen Zwerg-Wyandotten wurde 2018 anerkannt.

Das Gefieder zeigt dieselbe Zeichnungsanlage wie bei den Silberhalsigen. Jedoch sind alle schwarzen Teile der Silberhalsigen blau. Das Blau möglichst gleichmäßig und rein, auch in der Rieselung bei der Henne. Im Schmuckgefieder des Hahnes ist das Blau dunkler.

Grobe Fehler:
Es gelten die gleichen Zeichnungsfehler wie bei den Silberhalsigen.
Beim Hahn: Gelber Anflug; Rost in den Behängen, starker Grünglanz im Schwanzgefieder. *Bei der Henne:* Starker gelber Anflug; zu helles, zu dunkles oder einfarbig blaues Mantelgefieder; viel Rost im Gefieder; zu helle abgesetzte oder lachsfarbige Brustfarbe. Schilf bei beiden Geschlechtern.

1,0 Deutsche Zwerg-Wyandotten, blau-silberhalsig (J. Rotherm)

0,1 Deutsche Zwerg-Wyandotten, blau-silberhalsig (J. Zimmermann, Ganderkesee)

Literatur

Bund Deutscher Rassegeflügelzüchter (2006): Deutscher Rassegeflügel-Standard. Howa Druck & Satz, Nürnberg.

Schwarz, W. & A. Six (2004): Der große Geflügelstandard in Farbe, Bd. 1 (Hühner – Truthühner – Perlhühner), 7. Aufl., Oertel+Spörer, Reutlingen.

Schwarz, W. (1995): Unsere Zwerghuhnrassen, 5. Aufl., Oertel+Spörer, Reutlingen.

Schwarz, W. (2002): Der große Geflügelstandard in Farbe, Bd. 2 (Zwerghuhnrassen), 5. Aufl., Oertel+Spörer, Reutlingen.

Six, Armin (2018): Hühnerzucht heute. Oertel+Spörer, Reutlingen.

Wandelt, R. & J. Wolters (1996): Handbuch der Hühnerrassen. Verlag Wolters, Bottrop.

Wandelt, R. & J. Wolters (1998): Handbuch der Zwerghuhnrassen. Verlag Wolters, Bottrop.